临港石化项目的安全规划研究

叶继红　著

2015年·北京

内 容 简 介

随着石化工业向大型化和集约化方面的发展，港口由于其便利的物流条件，依托港口建立临港型石化基地已经成为国内外大型石化基地布局的首选，然而石化产品多数具有易燃、易爆、有毒、腐蚀等危险性质，临港石化项目更是集石化、库区及码头为一体的特殊系统，若是没有对该类型石化基地重大危险源的选址、布局、工艺、设备设施等进行科学和合理的安全规划，一旦发生火灾、爆炸、泄漏或中毒等事故，很容易造成大面积的群死群伤事故，而且还会对区域海洋环境造成严重污染从而造成更大的附带损失。因此，为了预防和控制石化工业重特大安全事故的发生，对有关拟新建临港石化工业项目进行科学、合理的安全规划尤为重要。本书从安全规划、环境容量和危险源风险等方面入手，对临港石化项目的安全库存容量、事故演化机理以及陆域部分、海域部分、应急路径和应急服务点选址和布局等方面进行了系统论述。

本书可作为石化行业、港口规划、港口管理等研究人员参考用书。

图书在版编目（CIP）数据

临港石化项目的安全规划研究/叶继红著 . —北京：海洋出版社，2015.12
ISBN 978 – 7 – 5027 – 9314 – 2

Ⅰ.①临…　Ⅱ.①叶…　Ⅲ.①石油化工 – 港口管理 – 安全管理 – 研究　Ⅳ.①TE687

中国版本图书馆 CIP 数据核字（2015）第 297137 号

责任编辑：郑跟娣
责任印制：赵麟苏

海洋出版社　出版发行

http：//www.oceanpress.com.cn

北京市海淀区大慧寺路 8 号　邮编：100081
北京华正印刷有限公司印刷　新华书店发行所经销
2015 年 12 月第 1 版　2015 年 12 月北京第 1 次印刷
开本：787mm×1092mm　1/16　印张：10.5
字数：252 千字　定价：45.00 元
发行部：62147016　邮购部：68038093　总编室：62114335
海洋版图书印、装错误可随时退换

前　言

石化工业是国民经济中具有基础地位的产业，近年来随着石化工业向大型化和集约化方面的发展，港口由于其便利的物流条件，依托港口建立临港型石化基地已经成为国内外大型石化基地布局的首选，然而石化工业本身由于生产使用的原料、成品或半成品种类繁多，且多数产品具有易燃、易爆、有毒、腐蚀等危险性质，临港石化项目更是集石化、库区及码头为一体的特殊系统，若是没有对该类型石化基地重大危险源的选址、布局、工艺、设备设施等进行科学和合理的安全规划，一旦发生火灾、爆炸、泄漏或中毒等事故，很容易造成大面积的群死群伤事故，还可能引发严重灾难的"多米诺骨牌"连锁效应，将对所在区域的人员造成严重伤害，对财产造成严重损失，甚至对区域海洋环境造成严重污染，从而造成更大的附带损失，因此，为了预防和控制石化工业重特大安全事故的发生，对有关拟新建临港石化工业项目进行科学、合理的安全规划尤为重要。

本研究以现有研究文献资料以及实际项目为基础，从安全规划、环境容量和危险源风险等方面入手，对临港石化项目的安全库存容量、事故演化机理以及陆域部分、海域部分、应急路径和应急服务点选址和布局等方面进行了系统的研究。本项研究在以下几个方面做了大量的工作。

1. 通过系统理论的建模方法，对临港石化项目设立的安全影响因素建立关系模型，并解释这些关系的内在规律，构建关系的层次模型。

2. 通过分析提取影响安全库存容量的各影响因素，采用系统动力学和解释结构模型的方法探究其影响因素的相互作用机理，在选取的安全标准基础上建立一个评估安全库存容量的模型，对区域安全库存容量进行实例评估，并在此基础上提出切实可行的安全措施。

3. 通过安全容量概念的辨析，提出安全容量是园区最大可接受风险程度。制定适合园区的风险标准，建立固定危险源风险计算模型和危险品运输风险计算模型，对基地区域个人风险和社会风险进行量化，作出区域整体风险评价和安全容量分析。

4. 通过运用事故致因理论和风险理论对临港石化项目陆域部分的事故演化机理进行分析，对有关事故的动态演化进行仿真模拟，并实现有关仿真模拟技术在安全规划中的运用。

5. 对有关临港石化项目在通航环境方面的安全影响因素进行分析，运用模糊数学理论，对有关影响因素进行综合评价，建立评价体系、确定指标权重，实现对天津某临港石化项目的通航环境安全水平评判。

6. 运用蚁群算法的寻优优势，开发有关 MATLAB 实现程序，实现对有关石化项目应急路径规划进行仿真和模拟；寻求应急服务点选址确定的科学方法。

本研究所做的临港石化项目的安全规划等基础研究，无论是对弥补我国目前安全规划理论相关研究的缺陷，还是给具体的临港石化项目的安全规划提供有益的技术支持，都将具有十分重要的理论意义和实践意义。

本书是基于本人博士阶段完成的博士论文以及浙江省科技厅公益性基金项目"基于风险的临港石化基地安全容量评估与控制技术研究"（项目编号：2013C31095）等成果的著作。

由于时间、精力以及作者水平的限制，本书中存在疏漏甚至错误的情况在所难免，敬请同行专家和读者批评指正。

叶继红

2015 年 11 月 10 日

目　次

1

1　绪　论

根据我国目前石化行业安全规划存在的问题，提出本书所要研究的课题，介绍常见的石化安全事故以及典型事故的发生原因，对国内外石化行业安全规划的研究现状进行系统分析，并对项目研究目的和意义进行论述，对项目研究内容、技术路线、方法和创新点进行系统总结。

1.1　研究背景

在中国日益发展的现代化建设过程中，常见一些石化工业安全事故，分析这些典型事故发生的原因，为本研究的宏观背景提供支持。

1.1.1　问题的提出

生命安全是一个国家和地区经济、社会、文明发展的前提和基础，是人的一项最基本的需求。从微观上来看，安全生产关系到个体人的生命和财产安全，从宏观上来看，安全生产关系到一个国家或地区的稳定大局。根据我国《国民经济和社会发展第十二个五年规划纲要》和《国务院关于进一步加强企业安全生产工作的通知》（国发〔2010〕23号），我国今后若干年之内仍处于发展的重要战略机遇期，为了保证经济社会的科学和谐发展，国家宏观层面高度重视安全生产工作，拟定了有关安全发展理念和"安全第一、预防为主、综合治理"的方针，国务院确定了"到2020年全国安全生产状况实现根本性好转"的安全实现目标。但不容忽视的一个实际情况，就是目前我国在石化危险行业的规划布局不合理、安全技术手段发展严重滞后等。据国家环境保护总局2006年公布的数据表明，进行的全国石化项目环境风险排查中，列举的7 555个项目有81%建在江河水域或人口密集区等区域，其中有45%成为重大风险源[1]。加强对石化行业科学合理的安全规划、城市石化工业重大危险源的排查与监控、安全规划技术手段的创新等方面研究都将是今后长时期内迫切需要解决的课题。

石化工业是运用有关石化技术来进行产品生产的工业，是集多行业、多品种、高危险且在国民经济中属于基础地位的产业，石化工业与现代人类衣食住行各方面密切相关，没有石化工业的发展，将会严重影响现代人的正常生活。然而石化工业生产使用的原料、成品或半成品种类繁多，且多数产品具有易燃、易爆、有毒、腐蚀等危险性质，这些对有关石化产品的存储、生产和经营等提出了特殊要求。随着石化工业技术的日趋先进和复杂化，有关技术工艺条件要求越来越苛刻，石化工业的安全技术相应地要求也越来越高。石化工业企业内部由于重大危险数量多，若是没有对有关重大危险源的选址、布局、工艺、设备设施等进行科学和合理的安全规划，一旦发生火灾、爆炸、泄漏或中毒等事故，很容易造成大面积的群死群伤事故，还可能引发严重灾难的"多米诺骨牌"连锁效应，将对所在区域的人员、财产和环境造成严重伤害和损失。而临港石化项目更是集石化、库区及码头的特殊系统，一旦产生安全事故，在造成相关人员、设备设施的伤害和损失的同时，还可对海洋水域造成严重污染。

因此，为了预防和控制石化工业特大安全事故的发生，对有关拟新建石化工业项目进行科学、合理的安全规划尤为重要。如何提高对一个石化项目进行安全规划的技术手段，有效地控制和预防安全事故，将是我国在一定时期内的紧迫课题。本书以解决有关设立石化项目的安全规划作为研究内容，以石化码头这种特殊项目为研究对象，探索有关石化项目的安全规划的新技术、新手段，为促进我国石化项目的安全健康发展提供保障。

1.1.2　一些典型石化安全事故

在国内外历史上石化工业发生了很多重特大事故，并造成了严重后果，下面基于安全规划的视角来看一些典型石化安全事故案例及其发生的原因（表1-1）[2-4]。

表1-1　典型石化安全事故案例基于安全规划视角的原因

典型事例	造成后果	发生原因
1984年11月19日墨西哥城北郊液化石油气槽车爆炸事故	544人死亡、1 800多人受伤、35万人流离失所，烧毁面积27 hm^2，120万人迁移	液化石油气库区位于人口密集的住宅区
1984年12月3日在印度中央首府博帕尔市美国联合碳化物公司所属的农药厂剧毒异氰酸甲酯泄漏事故	直接导致3 150人死亡，5万多人失明，2万多人遭受到严重毒害，约8万人终身残疾，20万人中毒，15万人被迫接受治疗，150余万人口受到影响	化工厂与居民区距离太近，且厂区位于居民区主导风向的上风侧
2001年9月21日法国图卢兹（Toulouse）爆炸事故	导致30人死亡，2 500人受伤，2 km以内的数千幢建筑物毁坏或严重破坏	工厂距离生活区较近
1989年8月12日中国石油总公司黄岛油库特大火灾爆炸事故	19人死亡，100多人受伤，直接经济损失达3 540万元	整体布局不合理、没有安全规划、储油规模过大、与交通道路和居民区的距离太小
1993年8月5日位于深圳市清水河的危险化学品仓库特大爆炸事故	15人死亡，200多人受伤，直接经济损失超过25亿元	擅自将原干杂仓库改作危险化学品仓库、没有安全规划、无消防灭火水源、仓库和储罐等设施设置在人口稠密的居民区，且与交通道路的安全距离过小

续表

典型事例	造成后果	发生原因
1998 年 3 月 3 日西安煤气公司液化石油气管理所发生爆炸事故	造成 22 人死亡，44 人受伤，将近 10 万居民受到影响	爆炸中心周围是人口密集的生活区和工厂，且没有安全规划
2003 年 12 月 23 日，重庆开县高桥镇中石油川东钻探公司特大井喷事故	造成 243 人死亡，6.5 万人被迫紧急疏散，26 555 人就医，2 142 人住院，损失达 92 627 万元	井场选址时没有进行安全规划，距离气井 500 m 范围内有大量居民
2004 年 4 月 15 日重庆天原化工厂发生氯气泄漏和爆炸事故	造成 9 人死亡，15 万群众被迫紧急疏散	化工厂位于人口稠密的城市中心
2005 年 11 月 13 日，中石油吉林石化公司双苯厂发生危险化学品特大火灾爆炸事故	造成 8 人死亡，60 人受伤，1 万多群众疏散，100 t 苯类物质流入松花江致使松花江水体的严重污染，近 400 万人口的哈尔滨市停水 4 天	缺乏合理的规划，化工厂距离松花江太近

由表 1 - 1 可知，如果石化企业缺乏科学合理的安全规划，项目选址和整体布局与一些安全敏感目标没有保持合理的隔离距离，在发生安全事故的情况下，后果将是非常严重的。对一些原有老石化项目不符合安全规划要求的，如何进行整体搬迁到合理区域，以及对于一些新、改、扩建石化项目的安全规划等，都是我国石化工业安全领域目前急需解决的问题，并将制约和影响我国经济社会的和谐发展。

对一些事故案例分析研究后，我们还可发现下面两个特征[3]：一是事故主要发生在储存、生产和运输 3 个环节，所占比例分别为 26.7%、53.3% 和 20%，生产过程中发生事故的最大可能性是在生产过程，其次是在储存和运输过程，具体分布情况见图 1 - 1a。

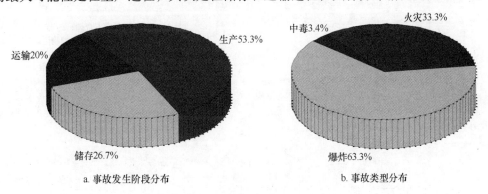

a. 事故发生阶段分布　　　　b. 事故类型分布

图 1 - 1　事故发生阶段和类型分布

另外一个特征就是石化安全事故后果的类型主要有火灾、爆炸和中毒 3 种事故类型，大致所占比例是：爆炸 63.3%；中毒 3.4%；火灾 33.3%。通过比较可知，爆炸事故最多，占总数的一半以上，见图 1 - 1b。实际上，一旦发生石化安全事故，很容易产生爆炸、中毒和火灾 3 种事故的连锁效应，而不只是某单一的事故类型。

另据在 2005 年 10 月前上报国家有关主管部门的数据显示，全国有 906 家危险化学品从业单位需搬迁，这些企业涉及 19 个省，都因没有进行安全规划而导致需要搬迁，需搬迁数量在各省市分布情况见图 1－2。由图 1－2 可知，排在前几名的是江苏、天津、山东和广东等省市区域[5]。

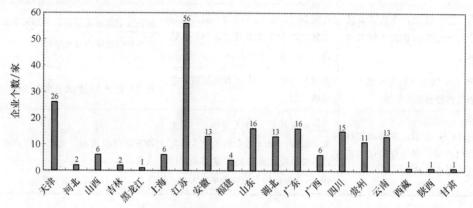

图 1－2　因安全规划不合理需搬迁企业在各省市的数量分布

1.1.3　基于安全规划的视角分析典型石化事故发生的原因

从表 1－1 可知，这些典型事故的发生都与缺乏安全规划有关，具体表现有：①使用或储存的石化介质的数量或规模过大；②与安全脆弱目标区域的隔离安全距离不足；③设施或设备装置之间安全隔离距离不够；④整体或部分设施布局不合理等（图 1－3）[2]。

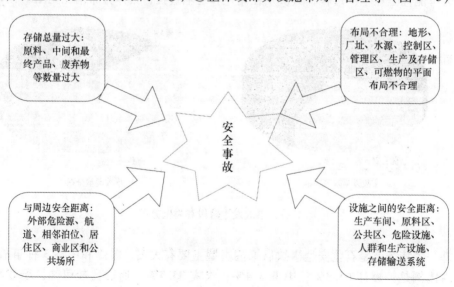

图 1－3　基于安全规划的典型石化安全事故发生原因

1）储存总量过大

随着社会经济的高速发展，对石化产品的需求也越来越旺盛，石化工业的生产规模也日趋大型化，导致对石化原材料、燃料等需求增加，在生产过程中，中间产品、半成品、成品的生产量也增加，企业内的储存量也大大增加，当所有这些石化危险品增加到一定数量范围时，将成为重大危险源，对周围构成的危险性也就更大。因此需要对有关企业内储存产品总量进行控制和规划，严格控制危险产品的总量，以减少潜在的危险性。

2）项目布局不合理

在石化项目设立时没有进行科学合理的安全规划，对选址、生产功能区、管理控制区等所在区域没有进行合理安排。在选址时没有考虑周围环境是否属人群居住区或人口密集区，是否临近海洋、湖泊、江河等水域位置；生产与储存区域的位置安排没有严格按照有关规范和标准规定来进行布局；平面布局没有根据有关地形地貌特点来合理安排有关生产或储存区。

3）与周边安全距离不够

在整体布局时，没有考虑外部的危险源、航道、相邻泊位等因素的影响，没有对周围的安全脆弱性目标（如居住区、商业区和公共场所等）保持规定的隔离安全距离。还有一种情况，就是原来规划时，项目是远离城区，离人群集中区较远，但由于近年来随着城市化的高速发展，城市不断向外延伸，有关部门在土地使用规划时，只考虑眼前利益而忽视有关石化项目的安全影响，导致对已建石化项目保持一定安全距离的考虑不够，因此这些项目的周围空间不断被缩小。

4）设备设施之间的安全距离安排不够

在考虑项目与外部保持安全距离的同时，还要充分保证项目内部设备设施之间足够的安全距离。否则，某个小部位设备发生安全事故，都可能导致附近设备设施的连锁反应，因此事故不断升级。设备和设施的安全距离涉及生产设施和储存设施之间、生产设施与公共区之间、储存设施与公共区间等，对这些设施和设备进行科学合理规划，可减少安全事故发生，以实现项目的本质安全。

1.2 国内外研究现状综述

安全规划是一种重大危险源的土地使用安全规划，有关规划理念的研究，国外开始得比较早，规划理论得到不断发展和完善。对安全规划这种专项规划的研究，在国外取得了一定的成果，在实践中也取得了不错的效果，但在国内，有关安全规划的研究仅处在起步阶段，有关研究有待于进一步加强和深入。

1.2.1 国内外关于规划理念的历史进展

在国外，规划应该算是一个"有最大争议的文献题目"，规划的目标是对未来的发展和多种选择的不确定，这种不确定就是规划的主要内容，规划实际就是要对这种不确定性进行发现、评价并予以解决。在历史发展中，规划的理念经历了几个阶段，并在每个阶段的解决目标也各有千秋[6]。美国规划行业协会（APA）认为规划是为现在和未来创造更加便利、公正、健康、高效和富有吸引力的场所来改进人们的社会福利和生活质量，并帮助人们在新的发展空间、最基本的服务、环境保护和创新之间寻找一种均衡。英国皇家城镇学会（RTPI）认为规划是平衡一种在人类的活动与管理两者之间在空间使用时的相互矛盾，营造一个具有价值和个性的空间，涉及社会、经济和外部环境的空间位置和质量。在中国规划是一种城乡规划，各级政府统筹安排各种建设空间布局，保护好生态环境、合理利用资源，并以此来维护社会的公正和公平，属一种公共政策。因而可以发现，追求公平是国内外对规划的一种重要准则，并要充分显示弱势群体的利益。规划也同时受到社会、经济、空间环境和文化背景等因素的制约并随之变化，规划的总目标实际是要实现对社会、经济和环境可持续发展。因此，规划可以实现如下几个功能[6-7]：①对资源进行合理配置，并以此来保证社会、经济的增长；②对社会生活环境进行改善并提高人们的生活质量；③保护环境，实现可持续发展，以约束市场经济或政治权利对环境的侵蚀和破坏；④通过规划可以对资源进行再分配，有助于保证社会的公正和公平；⑤规划应以实现大多数公众的利益为出发点，对土地的利用进行监督、协调；⑥规划要实现促进社会、经济、环境三者效益的统一。

上述对规划理念的理解是一个比较全面而系统的观点，但对规划的认识却是经历了一个长远的历史进程。规划理念在西方近现代社会经历了一系列的转变和发展，西方国家的工业革命标志人类社会从传统社会跨越到现代社会，现代化的潮流历经了城市文明、文艺复兴、宗教改革、科学革命、启蒙运动和资产阶级革命，在这些声势浩大影响深远的工业革命中，使生产和技术得以迅速发展，工业化得以空前进步，工业化带来的后果，就是促进了城市的大规模发展，随之也带来了城市人口的扩张、空间资源的缩小、环境污染和恶化等严重后果，这些问题都促使了土地利用规划的需求得到了空间的膨胀。当然，工业化生产方式的进步和技术的发展，也为土地利用规划提供了基本的框架和发展基础，生产技术的进步促使管理手段和方式也不断发展和完善，各种管理思想和技术手段的发展必然为规划理念的发展提供良好的土壤，许多规划思想和方法也在这个过程中孕育而生，在国外大致经历如下几个典型阶段[6-9]。

1）工业革命早期的规划

在这期间，英国霍华德（Ebenezer Howard）最早提出了田园城市（Garden City）理念，于1898年出版了《明日的田园城市》，提出城市的设计要为健康生活和产业考虑，认为城市的四周要永久性地有农田环绕。这种思想对现代规划思想起到了启蒙作用，对后续的规划思想有所启迪。西班牙工程师索里亚·玛塔（Soriay Mata）于1882年提出带型城市理论，他认为向外发展城市会导致城市拥挤和卫生恶化，城市应该依赖交通线来组成交通网络，城市应该实现从一个地点到任何其他地点耗费时间最短，城市的规划应该以快捷方便的铁路为骨架并在其两侧布局而形成带状。1904年法国建筑师加尼埃（Tony Garnier）出版了其专著《工业城市》，提出了工业城市的设想，认为规划应以工业化的发展减少对城市的压力为前提，提出了城市分区和城市按功能组织的观点。在空间布局上，开始更加注意各类设施与外在需求的联系，工业布置应该将不同工业企业分组，对环境影响大的要远离居住区，居住区规划时要考虑阳光和通风条件，这时期的规划理论开始考虑了一些重大危险源的工业布置应该要远离人群集中居住区，城市的功能要合理划分。1915 年格迪斯（Patrick Geddes）在《进化中的城市》中提出基于生态学的规划，强调了人与生态环境的关系，开始注意工作、工作场所和人统一联系起来对待，首次强调城市是一个动态的发展历程，要用演进的目光进行城市规划，倡导对规划进行系统调查的基础上，将区域现状与地域经济和环境等联系起来，鼓励公众参与进来，形成了"调查—分析—规划"的工作思路。

2）两次世界大战期间的规划理念

国际现代建筑协会（简称国际建协，CIAM）第四次会议（1933 年）发表了《雅典宪章》，对后来规划理论的发展影响深远。强调了广大公众的利益是规划的前提和基础，规划要以人的尺度和需要来进行评估功能分区和布置，开始体现了以人为本的理念。1943 年荷兰裔的美籍建筑规划师 E. 沙里宁（Eero Saarinen）在《城市：它的发展、衰败与未来》中，提出了有机城市和有机疏散的规划思想，认为城市是一个有机体，要把城市人口与工作岗位规划安排到可合理发展地带上，要把传统的大城市拥挤在一整块的形式，分散在合适的区域范围内的若干单元，这些单元成为活动互相关联的功能集中点，体现了一种功能主义和物质空间的布局为规划的核心。

3）第二次世界大战以后至 20 世纪 70 年代期间

1954 年，国际现代建筑协会中第 10 小组在荷兰发表了《杜恩宣言》，首次提出以人为本的人际结合思想，开始对社会问题进行思考。1977 年发表了《马丘比丘宪章》，认为过分追求功能分区而牺牲城市的有机组织，忽视了人与人之间的多方面联系，城市应该是一个综合的多功能生活环境，不能机械单一地区分功能，规划要强调一个动态发展，开始重视环境保护。1969 年麦克劳林（Brian Mcloughlin）在《系统方法在城市与区域规划中的运用》中提出规划的整个过程要以目的建立为开始，然后才是为目的建立具体操作性目标，选择实施过程和方案，对目标进行评估，最后实施方案进行阶段型的检验和反馈、修正，系统理论开始运用在规划中。

4）20 世纪 80 年代的后现代规划思想

这一时期规划理论开始多元化倾向，开始追求个性解放，规划各部分、各单元开始用多元的方式结合，城市被描述为一个复杂、充满矛盾、不确定性而含混折中的体系，强调规划要多元文化与精神集中，尽可能地反映宽容、功能叠合、结构空间宽敞又不失灵活性。

5）20 世纪 90 年代至今

随着信息技术的高速发展以及经济全球化的深刻影响，规划理论也前所未有地发生深刻变化。在 1992 年联合国环境与发展大会上，可持续发展得到共识，可持续城市地理、环境、经济和规划等成为研究的焦点和前沿课题，规划理念开始以可持续发展为目的，分别从规划的总体空间布局、道路与工程系列规划、绿地系统等层面，建立可持续发展的城市规划和管理体系，探索可持续发展的有效实施途径成为规划领域的核心内容。1990 年英国城乡规划协会成立了可持续发展研究小组，于 1993 年发表了《可持续发展的规划对策》，提出将可持续发展的概念和原则引入规划实践的行动框架，将环境因素管理纳入各层面的空间规划。规划研究的手段开始多样化，更加注重对未知变量的预测和估量，开始在规划中利用有关数学模型和相关软件进行模拟仿真预测，对未来的不确定性通过仿真来进行模拟，以此采取适当措施来进行控制。

从上述国外规划理论的发展历程来看，规划的思想理念是一个发展的过程，规划开始更加注重将人与环境结合起来，更加注重可持续发展，规划的设计不仅开始为实现功能化，同时也注重与人、环境、社会文化等结合起来，规划的主体处于一个开放的系统当中，规划更加要注意系统观和发展观的运用，从静态到动态、从定性到定量、从不可预知到可估量预测、从不可控到可预控的发展历程。

在我国，历史最早记载有关规划的是汉代的《尔雅》，"邑外谓之郊，郊外谓之牧，牧外谓之野，野外谓之林。"对农林牧用地进行布局，村庄周围是耕地，耕地的外围是牧地，牧地的外围是荒地，荒地的外围是林地。夏代著名的大禹治水故事，就是对黄河水利的规划，在公元前256—公元前251年间秦国李冰父子规划建设了都江堰水利工程，并在河道中分设鱼嘴，以用来分流河水和限制灌溉用水的泥沙含量，保证了成都平原的800多万亩（1亩 = 1/15 hm²）良田的用水。

新中国成立后，在对土地利用规划方面也取得了一定发展，1986年6月25日颁布了《中华人民共和国土地管理法》，第一次从法律层面来规定土地利用总体规划，该法第15和16条明确规定：城市规划和土地利用总体规划应当协调；在城市规划区，土地利用应当符合城市规划；在江河、湖泊的安全区内，土地利用应当符合江河、湖泊综合开发利用规划。国家土地管理局于1997年10月28日颁布了第一部专门对土地利用总体规划的《土地利用总体规划编制审批规定》，对土地利用规划做了详细规定，包括：规划的原则、要求和程序，各级政府土地利用总体规划编制的任务、内容和原则，有关规划的评审和审批。1998年8月29日新修订颁布的《土地管理法》中，对土地利用规划作了专项规定，再次明确了规划的依据、原则和内容，明确规划的地位和作用、审批的程序以及在法律上的效力等。明确要求对土地用途进行分类，按不同用途来确定分区内的土地使用规划。

规划理论在国内进行系统和全面的研究时间较短，只有在改革开放以后，学术界对土地利用规划才得以重视和发展，一些学者诸如王万茂[10]、吴次芳[11]、严金明[12]等在土地利用规划理论方面取得了一定成果，提出了人和土地相协调、土地分区、土地控制等方面的理论。对规划也提出了与制度、自然环境和经济社会等条件相结合，土地利用要按照适宜为前提，对土地的利用要满足最佳投资目标，综合考虑社会、经济和环境生态等效益的有机统一。

1.2.2　国内外关于石化工业安全规划研究现状

国外的安全规划主要指的是关于重大危险源的土地利用安全规划，与土地利用规划密切相关，从规划角度来看，属一种专项规划。下面分析国外有关安全规划方面的研究进展。

1）早期土地利用规划研究

法国是开展土地利用规划较早的国家之一，从1760年到1800年间，法国实行了将污染严重工业设施从城市强制搬迁到农村[13]。1794 年，发生了巴黎 Grenelle 炸药厂特大爆炸事故，导致约 1 000 人死亡，损坏数百栋房屋建筑，触发了从国家立法层面开始考虑控制工业活动风险问题，法国科学院在拿破仑的要求下，对事故进行深入调查研究，并形成报告于 1810 年上交给拿破仑，并在同年颁布了世界上第一个关于工业活动风险和污染预防控制的法令，在法令中，规定将工业区分为 3 种类型[14]：①严格要求在居住区外保持一定安全距离和政府规定位置区域安排工业活动生产。②在住宅附近进行的工业活动，要在确定其不会产生危害和损害的前提下才可进行。③在城市内进行的工业活动，要在不产生危害或损害的前提下进行。

同时还规定，办工厂必须事先获得政府颁发的许可证。许可证的批准很严格，假如对此工厂有人提出异议，申请者又不能答复的，就不可能拿到许可证，但是要保证多大的安全距离，法令上没有给予明确约定，因此引起社会各界的广泛关注和争议。1814 年，法国在此法令的基础上，为防止危险设施对周围的伤害和损害，颁布了一个普遍法令，规定对有争议的工业项目要备案，对即使获得了许可证的申请者也要追加相关责任。

荷兰也是开展土地利用规划较早的国家，历史上，荷兰与法国关系比较特殊，1795 年法国入侵荷兰，并有短短几年的时间将其并入法国，法国的法令也在荷兰予以执行，荷兰将法国对工业活动的普遍法令转变成自己的法律《Fabriekswet》，于 1896 年强制执行《劳工安全法》（Labour Safety Law），并将《工厂法》（Factory Law）改为《损害法案》（Nuisance Act）在全国推广实施，开始将有关安全法规独立出来予以实行。1934 年，荷兰为了预防和消除安全事故危险，为保证工作人员的健康和卫生，修订了《劳工安全法》，规定必须保证员工的安全和健康以及预防事故发生是雇主的责任所在。1982 年，《劳工安全法》成为工作条件法案《ARBO wet（Conditions at Work Act）》。该法规定，为了保证相关人员的安全，有关特殊设备和设施一定要向政府主管部门上交《劳工安全报告》（Labour Safety Report）。荷兰于 1876 年采纳关于有毒物质方面的法规，并在 1963 年颁布《危险物质法》（The Law on Dangerous Materials），有关涉及危险物的活动受到管制。

2）近代安全规划的研究

在近代，由于科学技术的迅速发展，技术的进步带来了安全规划技术手段的进步，一些安全风险的定量化技术开始出现。20 世纪 70 年代中期出现了基于风险的安全规划方法。20 世纪 80 年代初，欧盟《重大危险指令》（The Directive on Major Hazards）[15]以及《Seveso 指令》（The SEVESO Directive）[16]开始在其成员国颁布实行，对有关危险工业活动要进行明确考虑和分析，并定时汇总风险情况到欧盟。在总结一些典型石化安全事故的处理基础上，对该指令进行了两次修订，对部分条款作了一定修改。1996 年，新颁布了《Seveso Ⅱ指令》，该指令对土地规划作了规定，各有关成员国对土地利用要出台政策来控制和防止重大安全事故的发生，并从政策上来保证土地利用政策的顺利实施，并规定了重大危险源设施和一些人群居住区域、公共场所等脆弱目标隔离的安全距离。

欧盟还专门成立了主管部门委员会（CCA），以保证指令在各成员国有效实施。该委员会编制了《土地利用规划的指导意见》等一系列指导性文件：《对土地利用规划的指导意见》、《向公众披露信息内容的一般性指导意见》、《重大事故预防对策指南》、《安全报告准备指南》、《安全管理制度指南》、《对实施协调标准的解释和指导意见》、《督查指导意见》。《Seveso Ⅱ指令》对土地利用规划领域产生了深远影响,除了欧盟有关成员国之外,其他一些国家也都各自形成了有自己特色的土地利用规划的相关法规、理论和思想体系。20世纪90年代初期,召开的第80届联合国国际劳工大会通过了《预防重大工业事故公约》。公约明确要求各国政府主管当局要制定综合选址的政策,对重大危险源设施与工作区、生活区和公共设施间要适当隔离开做出了规定。

欧盟成员国的法国,吸取墨西哥城和博帕尔两起重大事故的教训,在20世纪80年代末期分别出台了一项法令和规章,用来专门对高度风险设施城市应急规划和土地利用规划,随后不久还出版了一个导则。并根据有关当地的实际防备能力和最坏事故假想情景的计算后果得出了两个安全距离:距离 R_1,事故发生时出现第一个人死亡的距离(相当于1%的死亡率);距离 R_2,Z_1、Z_2 和 Z_3 区。事故发生时开始出现人身不可恢复损害的距离。在此基础上,将危害设施周围区域分成3个区域:

(1)Z_1 区:$R < R_1$,只有在人口密度较小区域才可以得到允许。

(2)Z_2 区:$R_1 < R < R_2$,有限人口密度建筑才可许可,而且还需要采取一定的技术措施手段来控制事故的发生频率,采取的技术手段有:限制人员数量、采取应急救援预案和提供培训等。

(3)Z_3 区:$R > R_2$,这个区域内危险较小,没有限制开发。

法国在上述法令规制下,比较好地限制了一些大的危险设施在城市附近区域的扩展,阻止了在这些危险设施周围城市人口的进一步稠密,但是对已有设施工厂周围商业和公用建筑脆弱性的安全作用还很有限。从1989年到2003年,有关法规在实际运用的推广过程并不顺利。在2001年9月21日,法国图卢兹(Toulouse)发生硝酸铵化肥爆炸事故,相当于里氏3.4级地震、20~40 t TNT当量,产生一个直径40 m深7 m的弹坑,导致30人死亡、2 500人受伤、数千幢建筑物受到严重毁坏和损伤。这次事故对法国社会产生了很大影响,于是在2003年7月30日颁布了《2003—699法令》,弥补以前有关规定的不足之处[17]。并在全国范围内的工业企业采取了除《SEVESO Ⅱ指令》之外的预防补救措施。又在2006年制定了长期的土地利用规划TRPP(Technological Risk Prevention Plans),对622个SEVESO设施、1 000多个社区进行详细分析,确定各个区域面临的风险和脆弱性,有关涉及搬迁治理措施的费用,计划用20~30年时间逐步解决土地安全规划问题。

英国于20世纪70年代中期发生了Flixborough事故之后,为了通过土地利用规划来控制重大事故对周围空间的危害,在卫生安全管理局(HSE)下专门成立了一个重大危害咨询委员会(ACMH),以对工业设施四周土地进行合理规划。HSE先通过有关数理模型来计算危害物质对附近人群的危害和风险是多少,以此得到一个安全距离,通过这个安全距离,以保证有关危险物资仓库和专门的危险化工品装卸车站、码头与城镇之外形成一个独立的安全地带[18-19]。对那些已建的又对城镇安全影响严重的工厂和仓库等,均需进行规划改造,并予以限期搬迁、限制生产或存储、改变生产性质等措施,以保证城市安全。HSE还将危害设施附近的土地利用规划根据个人风险数量的大小和范围分成3个区域,分别为:①风险量小于 10^{-5} a^{-1} 的区域为内部区域;②风险量在 10^{-6}~10^{-5} a^{-1} 的区域为中间区域;③$3 \times 10^{-7}$ a^{-1} 以外的为外部区域。

HSE还将有关土地利用安全规划根据人口密度、敏感度(比如一些老人和未成年人等脆弱性群体）和开发的强度等将土地利用规划分为 4 种类型：工厂、停车场；居民区内的公共用地；学校和养老院等脆弱人群集中地；足球场和大医院等面积大且敏感区域。并在总结 30 多年的土地利用安全规划的基础上，开发了危险工业设施土地利用规划软件 PADHI（Planning Advice for Developments near Hazardous Installations）。

在美国，凭借其科技的发达，定量评估技术很成熟，有关重大危险源的安全规划控制的法律主要有《清洁空气法》和《工厂选址与布局指南》[20]，对有关石化危险品等重大危险源进行危险评价，这里的评价包括场内和场外评价，并形成《风险管理计划》（RMP）。《工厂选址与布局指南》对有关重大危险的隔离安全距离作了规定[21]，安全距离的确定不是简单地予以规定，同时还考虑基于后果的事故情景对一些安全敏感性目标的影响是多大。

在荷兰，对风险进行定量评价（QRA）来计算有关个人和社会方面的风险，并根据个人风险的数量大小分区[22-23]：

（1）风险量小于 $5 \times 10^{-5} a^{-1}$ 的区域（为 Z_1 区），不允许有新的建筑，对已有的建筑也要停止使用；

（2）风险量在 $1 \times 10^{-5} \sim 5 \times 10^{-5} a^{-1}$ 之间（为 Z_2 区），不允许有新的建筑规划，要用新的建筑来替代已建成的建筑；

（3）风险量在 $1 \times 10^{-5} \sim 1 \times 10^{-6} a^{-1}$ 之间（为 Z_3 区），这样的区域为限制开发新建筑，同时兼顾考虑有关社会风险；

（4）风险量小于 $1 \times 10^{-6} a^{-1}$ 的区域（为 Z_4 区），可以比较大的范围进行开发新的工业项目。

与此同时，荷兰还开发了目前最好的风险定量评价软件 SAFETI。荷兰是开展土地利用规划进行风险定量分析比较好的国家。Bottelberghs P. H. 等提出了有关重大危险工业设施的可接受风险标准，Menso Molag 和 Koos M. Ham 等将有关定量分析技术运用到土地利用安全规划中，提出有关进行安全规划定量风险分析的步骤和方法，对有关新建工业设施的安全距离也做出了相应规定[24-25]。

在德国，在定量风险评价方面，开发了能充分进行运用的土地利用规划程序和事故数据库[26]，不同类别的土地区域用足够的安全距离隔开，采用的规划标准是：一个危险工业设施的设立和运行，应当保证对外围环境和人不会造成风险，有关安全距离的确定还要考虑其他环境方面的有害因素，安全距离的确定除了有规定的通用安全距离之外，还要根据基于后果的方法来计算有关实际情景下的危害范围，以此来确定安全距离。

在意大利，Valerio Cozzani 等对有关工业区的相关区域、个人和社会方面的风险提出了定量区域风险评价技术来进行评估，为有关风险评估决策提供依据[27]。在希腊 Ioannis A. Papazoglou 等通过系统可靠性与工业安全实验室对有关炼油厂在扩建过程中对厂址周边地区的土地使用的影响情况进行了研究[28]，提出了土地使用安全规划要考虑生命的伤亡数、噪音水平和经济效益等多项目标，开发了基于多目标决策分析的软件系统用来进行辅助决策。

在新西兰，《危险物质与新有机物法 1996》（HSNO）和《资源管理法 1991》（RMA）对危险设施的土地利用规划作了相关规定[29]，并开发了一个程序（HFSP）用来筛选有关危害设施，该程序可以根据有关危害物质的数量、物化特性、生产存储位置、类型和周围的环境空间情况，对场内储存和使用的危害物进行环境影响评估，主要评估 3 个方面的后果：火灾爆炸、人体健康、环境影响。将有关危险物质数量与最大许可量进行量的对比，最大许可量的依据要以物质的类型、使用实施的位置来确定。计算有关累积数量比率，并将之和状态指标进行比较，有关状态指标与土地利用情况相关，如果有关比率低于状态指标是，该危险工业设施可以在区域进行，否则，就不能得到许可。

欧盟的有关 DHV 环境与建设部门对有关土地使用安全规划的多目标决策进行了研究，并提出了决策组成有 7 部分，包括：决策的描述对象、目标、确定、效益、成本和后果、选择性评估和交流 7 部分组成。对区域的总体死亡概率、个人和社会风险提出了相关数学模型。希腊的 Pappas I.，Polyzos S.，Kungolos A. 等提出相关安全规划决策方法[30]，提出风险评估模型以及可能的死亡人数数学模型。

我国是一个石化行业事故多发的国家，以前由于缺乏科学合理的安全规划，老化工基地的安全问题一直悬而未决。近年来，一些地方政府一味为了追求经济的高增长，在发展石化工业时忽视其内在的高危险性，导致一些新的石化工业没有进行科学安全规划就盲目上马，给所在区域的环境安全带来了很大的风险。如何运用科学的安全规划技术，降低有关石化工业的高风险，减小这些区域的脆弱性，是我国现阶段一项非常艰巨的任务。从国家层面为了控制有关危险设施的建设，对这些设施的土地利用安全规划作了相关规定。1990 年 1 月 1 日颁布施行的《城市消防规划建设管理规定》就明确规定，在城市的土地利用总体规划时，必须将生产、储存易燃易爆化学物品的相关项目设在城市边缘并独立成为一个安全地区，要和人员密集区域保持规定的防火安全距离。2011 年 12 月 1 日新修订公布施行的《危险化学品安全管理条例》中规定，从国家层面对危险化学品的生产和储存要进行统一的土地利用规划，合理布局并加以严格控制，对危险化学品的生产和储存实行审批制度。2002 年 11 月 1 日起标志我国安全领域的重大法规《中华人民共和国安全生产法》实行，规定对有关危险品的生产、经营、储存和使用的危险物品的有关场所不得与生产员工的宿舍同在一个建筑内，要保持一定的安全距离。2008 年 1 月 1 日起实行的有关《中华人民共和国城乡规划法》对土地利用规划作出规定，在制定和实施有关城乡规划时，要遵循城乡统筹、合理布局、节约土地、集约发展和先规划后建设的原则，改善生态环境，促进资源、能源节约和综合利用，保护耕地等自然资源和历史文化遗产，保持地方特色、民族特色和传统风貌，防止污染和其他公害，并符合区域人口发展、国防建设、防灾减灾和公共卫生、公共安全的需要。2009 年 5 月 1 日起施行的《中华人民共和国消防法》第十九条规定："生产、储存、经营易燃易爆危险品的场所不得与居住场所设置在同一建筑物内，并应当与居住场所保持安全距离。"

一个不容忽视的现实，就是在我国对石化工业的安全规划的专门研究还很欠缺，我国在安全规划方面不管是理论方面的研究还是技术手段方面的创新，都与发达国家相比存在较大的差距，这方面的研究还只是处于起步阶段，有关文献也是甚少，部分学者作了一些理论和技术方面的探索。

1）安全规划理论方面的探索

对土地利用安全规划方面的研究，吴宗之等提出了安全规划的内容，提出了对重大危险源的安全规划的一般性方法和技术原则[31]。冯凯、徐志胜对城市的公共安全规划提出要以整合和可持续发展的观点，并设想以空间观来构建城市应急管理机制，在此基础上，还提出了规划城市各类的防灾、救灾等相关设施的标准和模式[32]。杨玉胜等在基于安全规划的角度去分析一些国内外发生的石化工业典型事故的原因，找出事故发生的原因主要在这几方面：选址不合理；项目内部的使用或存储的危险物质量过大；与周围区域环境的安全距离不够；各生产和储存的设施设备的安全距离太小等[2]。周德红对我国的化学工业区安全规划和风险管理作了理论探索，在结合国情的前提下，对如何进行科学、系统而有效的风险管理规划，对化工园区的安全规划方法、基本程序和内容进行了一定研究[33]。陈晓董等对化工园区的安全风险容量进行了探讨，对化工园区的安全容量进行了量化研究，给出了相关风险的计算模型和标准，对新建项目的安全容量的确定程序进行了探讨[34]。李传贵、陈晓董等基于化工园区的整体风险量进行分析，并得到了园区整体的风险评估值[34-35]。吴宗之、许铭应用多目标决策理论，以潜在死亡人数最小化、经济收益最大化为优化目标，建立了化工园区土地利用安全规划双目标优化模型，提出了化工园区土地利用安全规划程序[36]。汪卫国根据有关安全生产法律法规标准和规范，对化工园区的安全规划核心要素进行了总结，对化工园区生命周期内各阶段应规划的重点内容和安全建设应注意的问题进行了分析和总结[37]。游达、胡兆吉提出从本质安全方法强调从源头上消除或减小系统中的危险，应用本质安全原理，从人、机、环境、管理等方面对化工园区环境风险的控制进行了研究[38]。

2）安全规划技术手段方面的探索

从 20 世纪 90 年代开始，我国专业的安全生产科学研究院对有关重大危险源的辨识、评价、监控和安全规划等技术进行了若干个科技攻关课题的研究[39]，提出了相关的技术方法，开发了一些比较实用的运用工具，对我国的安全规划和土地利用规划，提高石化工业的有效预防重大安全事故方面的能力具有较好的实践指导意义。在"十五"期间实行的中国安全生产科学研究院的科技攻关项目，第一个专题就是城市公共安全规划的技术、方法和程序研究，对有关城市公共安全规划的技术要点、编制的目标、程序和方法等做了论述。在对有关安全规划方法方面，宋占兵、多英全、师立晨等对基于后果的安全规划方法，运用基于后果对危险品的储存区进行了事故后果影响范围的计算，对选址的可行性进行了合理分析[40-41]。于立见在基于危险品的种类和装置类型的前提下，对可能发生的事故情景和相应事故后果计算模型进行了选择，系统分析了有关易燃、易爆、有毒危险化学品在发生事故后果的计算过程[42]。刘恒亚、秘行行、田亮在分析了化工园区消防安全规划，提出石油化工园区消防安全规划的技术方法与程序，并提出增强化学工业园区消防安全以及进行合理园区消防安全规划的应对策略[43]。

1.2.3　国内外关于石化项目安全容量理论研究现状

1）石化项目安全容量定义研究

为保障公众和石化基地的安全，避免石化园区（聚集区）的无序发展，有关研究者借

13

鉴环境容量和城市安全容量提出化工园区安全容量的概念。由于生产及运输过程中危险化学品量定量评估较为困难，安全库存容量尤为受到重视。近些年有关政府部门已将确定安全容量作为保证化工项目安全的一项重要安全措施，并成为相关法规要求。但目前安全容量的内涵还没有统一界定，存在很大争议，也没有一个确定安全容量的科学、合理、可操作的具体方法。石化、化工园区（聚集区）安全容量是国内学者近几年才提出的一个概念，国外还没有相关提法，所以目前关于石化园区安全容量的研究主要集中在国内。目前国内关于石化、化工园区（聚集区）安全容量的认识主要有以下 3 类。

一类认为化工园区（聚集区）安全容量是在整体风险可承受的条件下，区域所能容纳的最大危险品数量。该方法以区域定量风险评价为核心方法，通过计算风险倒推出满足风险标准时的危险品数量，主要考核指标是人员平均生命损失值。如陈晓董、多英全等认为"化工园区安全风险容量应是化工园区内危险设施的风险程度处于可以接受条件下时危险物质的最大容量"[44-45]。

另一类认为安全容量是最大可接受风险程度。如《宁波市六区化工行业安全发展规划》（甬政办发〔2010〕275 号）中定义安全容量为"化工专门区域内人员伤亡和财产损失的最大可接受风险程度"[46]。《河南省化工园区（聚集区）风险评价与安全容量分析导则（试行）》中定义安全容量为"一定的经济、技术、自然环境、人文等条件下，化工园区（聚集区）在一段时期内对园区内的正常生产经营活动，以及周边环境、社会、文化、经济等带来无法接受的不利影响的最高限度，也即对风险的最大承载能力"[47]。

还有一类也是认为安全容量是园区所能承受的最大危险品数量，但从事故统计指标的角度研究安全容量，如李传贵、汪卫国等认为安全容量由基础安全容量和一些影响因素对安全容量的贡献率组成。在确定安全容量时是以危险当量指数作为基础，即将各事故考核指标与全国园区对应指标均值的比值加和求平均。然后引入安全容量的贡献率对基础安全容量进行修正，即建立安全容量影响因素指标体系，在此基础上，运用改进的 GI 法确定指标权重，用模糊综合评价法确定这些影响因素对基础安全容量的贡献率[48-50]。

2）国外关于安全容量研究现状

国外安全容量的研究与其土地利用规划关系紧密。土地使用及城市人口问题于 20 世纪在国外发达国家尤为尖锐，为此欧盟、澳大利亚、日本、美国从"基于风险"[51-52]和"基于后果"两方面对该类问题进行研究，并取得显著效果。"基于风险"法是以事故损失和事故发生概率为基础，以个人和社会风险为标准的定量分析。"基于后果"法是以假定事故损失为基础，以事故损失阈值为标准的定量定性分析。1974 年拉姆逊教授（Prof Norman C. Rasmussen）采用定量风险评价方法评价美国民用核电站的安全性，自此定量风险评价广泛应用。1978 年英国进行的坎威岛（Convey Island）研究项目、1979 年荷兰进行的雷几蒙德（Rijnmond）研究项目以及意大利开展的 Ravenna 研究计划中，都将定量风险评价方法应用于化工区的整体风险评估与安全规划中[53-55]。2005 年，Valerio Cozzani 等对区域多米诺效应进行了定量分析，提出了系统的区域定量分析程序，并对由多米诺效应引起的社会风险以及个人风险进行了计算[56]。从中不难看出，国外安全库存容量评估主要以对土地的利用和规划来进行，其规划重点是如何处理物、空间的相对位置，其原则是符合社会风险和个人风险标准，最终将以准确的计算值来进行体现。该类方法确实可以实现定量的风险评估结果，但也存在不足：

（1）社会风险和个人风险标准会随着时代的进步不断发生变化，对土地的利用观念也会不断变化，因此很难找到一个在较长时间内相对稳定可靠的评价标准和评价方法。

（2）定量的风险评估确实具有实际的工程应用价值，但在条件资源有限的情况下，定性评估其准确性和指导性比条件不足的定量评估更有意义。

3）国内关于安全容量研究现状

目前许多国内学者对化工园区安全库存容量进行了研究。李传贵[57]等提出并定义了化工园区危安比最大临界点，用其反映化工园区最大可接受风险量，进而确定化工园区安全库存容量。王树坤和陈国华[58]从风险的角度界定了化工园区安全库存容量的基本概念。陈晓董和多英全[59]开展了化工园区安全库存及运输容量研究。陈国华等[60]在单一危险源风险评价的基础上，运用叠加原理将多个重大危险源进行叠加，从而定量分析区域整体风险。与此同时，政府相关部门及社会科研机构也对安全库存容量进行了广泛研究。国内对安全库存容量的研究主要集中在对规划设计阶段的安全距离设计上，使用的方法主要是风险层级叠加、风险耦合作用以及风险补偿等方法，例如翁韬通过对城市风险进行层级划分来对城市内重大危险源进行风险评估，计算其与各类建筑物之间的安全距离。综上所述，国内安全库存容量评估主要以安全评估的模式展现，主要存在以下不足：

（1）没有形成统一的社会风险标准或个人风险标准，如果仅仅是借鉴国外的风险标准，难免会产生误差。

（2）许多传统的安全评估方法多以某一工艺、设备为对象，在对区域进行全面评估时其有效性、准确性值得商榷。

（3）某一单元或设备符合安全标准并不能表明其整体的安全性。

就整体而言，石化安全库存容量定性评估较多，研究相对成熟，但由于其主观性较强，很难在石化项目前期规划中起到指导作用，加之缺乏事故统计数据使得这一工作很难进行，因此石化项目安全库存容量定量评估具有重要意义。

1.2.4 研究现状述评

从以上国内外研究现状可以看出，对于有关土地利用规划的研究较早，成果也较多。对于土地利用的安全规划方面的研究，目前仅侧重于化学工业园区的研究，但对于石化项目设立的安全规划进行综合研究还有很多不足，特别是对石化码头这种特殊项目的系统研究更是欠缺，具体表现如下几方面。

（1）微观上对某一具体石化项目的安全规划研究理论不完善

目前对化学工业园区的安全规划的研究较多，而从微观对某一具体石化项目的安全规划还有待加强和深入，特别是对石化码头这种包括了陆域和海域两部分项目的安全规划研究更是欠缺。

（2）对石化项目安全容量定量分析与评价有待加强

石化项目安全容量分析是控制石化基地危险品总量，降低石化基地风险的重要依据。

目前关于石化项目安全容量的研究多为定性评估，对安全容量进行定量评估则较为困难，还有待加强及深入。运用数学建模与软件模拟等方法将影响安全容量的相关因素量化亟待加强。

（3）对石化项目规划设立的安全影响因素的内在规律研究还有待加强

石化项目的规划设立是一个庞大的系统工程，需要考虑的安全因素很多，深入分析项目设立的安全影响因素，是进行石化项目安全规划的前提和基础，对涉及石化项目的安全影响因素进行全面考虑，然后对这些因素之间内在的关系进行系统建模，通过系统分析的科学方法对这些关系的结构和层次进行研究，目前这方面的研究还有待加强。

（4）对石化安全事故的动态演化机理研究还有待深入

安全事故是一个动态演化的过程，对石化安全事故的预防应该对其内在的动态演化规律了解和掌握，在项目规划设立时对有关事故现实状态、演化趋势、发展规律、空间的风险分布等规律的掌握，才能做出合理的规划，对事故动态演化的内在规律研究也是进行项目设立科学合理的安全规划的基础。

（5）有关石化项目的安全规划技术手段可操作性还有待加强

石化项目的安全规划技术手段目前还存在操作性不强的缺陷，如何提高安全规划的方法在实践中的可行性，对安全规划理论在实践中的运用还有待加强。同时，目前信息技术的高速发展，出现了一些新的技术手段运用在有关土地规划领域，比如地理信息系统，而在安全规划中，如何将一些新技术运用于安全规划领域还有待加强。

（6）安全规划技术与仿真技术结合还不够

规划实际是对未来不确定的一种合理安排和布置，对未来的不确定性，仿真技术可以很好地模拟未来的不确定性，目前的研究中，对将仿真技术运用到安全规划中，还结合得不够，如何将基于后果、基于风险的安全规划方法通过仿真技术模拟出来，为有关规划提供直观的演示情景，也是目前需要解决的问题。

1.3 研究内容和技术路线

1.3.1 研究内容

结合上述关于石化项目安全规划研究的局限性，本研究将对石化码头这类特殊石化项目设立的安全规划展开研究，从安全规划的理论和技术手段两方面来展开研究，主要研究内容包括以下几方面。

（1）临港石化项目设立的安全影响因素的内在关系及其层次结构研究：通过系统理论的建模方法，对临港石化项目设立的安全影响因素建立关系模型，并解释这些关系的内在规律，构建关系的层次模型。

（2）石化项目安全容量的主要影响因素及其内在关系分析：通过分析提取影响安全库存容量的各影响因素，探究其影响因素的相互作用机理，在选取的安全标准基础上建立一个评估安全库存容量的模型，对区域安全库存容量进行实例评估，并在此基础上提出切实可行的安全措施。

（3）石化区域危险源风险计算模型：通过安全容量概念的辨析，提出安全容量是园区最大可接受风险程度。制定适合园区的风险标准，建立固定危险源风险计算模型和危险品运输风险计算模型，对基地区域个人风险和社会风险进行量化，做出区域整体风险评价和安全容量分析。

（4）临港石化项目安全规划研究：①通过运用事故致因理论和风险理论对临港石化项目陆域部分的事故演化机理进行分析，对有关事故的动态演化进行仿真模拟，并实现有关仿真模拟技术在安全规划中的运用。②对有关临港石化项目在通航环境方面的安全影响因素进行分析，运用模糊数学理论，对有关影响因素进行综合评价，建立评价体系、确定指标权重，实现对天津某临港石化项目的通航环境安全水平评判。

（5）临港石化项目设立应急最优路径和应急服务点选址规划：运用蚁群算法的寻优优势，开发有关 MATLAB 实现程序，实现对有关石化项目应急路径规划进行仿真和模拟；寻求应急服务点选址确定的科学方法。

1.3.2 研究方法和技术路线

本研究涉及多个学科交叉，综合了多领域的学科特点，要结合多种学科方法进行研究，具体有以下几方面内容。

（1）文献阅读和实地考查相结合。首先在大量收集和阅读文献、总结前人研究成果的基础上，结合临港石化项目设立的实践经验，提炼有关研究论点。

（2）理论研究法。应用系统论、规划理论、管理理论、动力学、数学、计算机科学等相关理论和方法，针对系统建模、事故动态模型、解释结构模型、风险和路径仿真建模等开展研究。

（3）实证研究法。①以天津石化小区某临港石化项目设立为实证研究对象，对部分理论研究采用实证研究作为补充，以提高理论研究的可靠性，涉及陆域、海域等安全规划部分研究。②以舟山某岛石化基地为例进行了实例分析，并进行了 Matlab 计算机程序模拟，对建立的安全库存定量评估模型进行了验证，从实例角度论证该模型的实用性和可靠性。采取系统动力仿真的方法，考量了各类影响因素对安全库存容量的影响。③以舟山某临港石油储运基地作为实例，利用计算模型对基地区域个人风险和社会风险量化评估，以验证该理论的合理性，其计算模型分为固定危险风险模型和危险品运输风险的计算模型两部分。

（4）定性分析与定量分析相结合。定性分析是定量分析的基础，定性分析可为定量分析指明方向；而定量分析是定性分析的深化，可对定性分析进行总结和归纳。在本研究中，将两种方法结合起来运用，例如，对于临港石化项目设立的安全影响因素的关系及其结构的分析主要采用定性分析的方法，而在陆域事故模拟及事故演化部分，主要通过建立事故模型进行定量分析，实现了定性分析与定量分析的结合。

研究的技术路线图如图 1 - 4 所示。

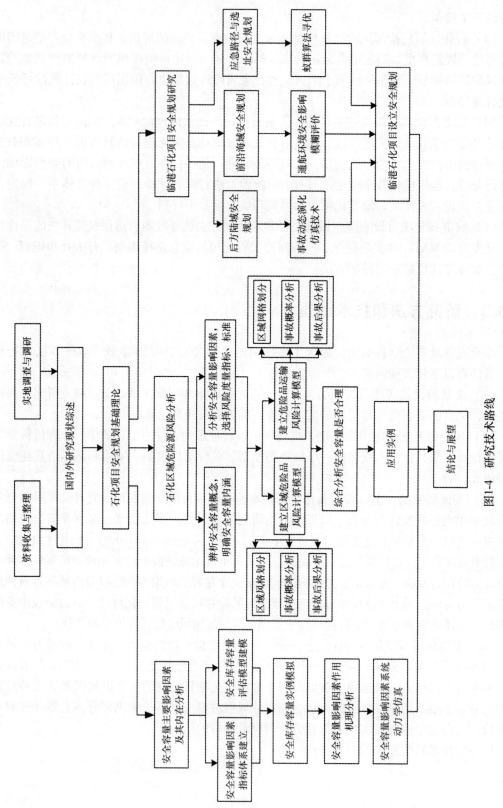

图1-4 研究技术路线

18

1.3.3　主要创新点

（1）首次系统研究临港石化项目设立的安全影响因素的内在关系及其层次结构，运用系统建模的方式解释有关影响临港石化项目的安全影响因素之间内在的规律。

（2）从安全库存容量定义的理解出发，通过实地调研总结提出了安全库存容量评估的指标体系，利用 Vensim 软件对影响安全容量的因素进行系统动力学仿真，并借用 Matlab 以实现石化基地安全库存容量评估模型建模，以舟山某岛石化基地为例对模型的实用性及可靠性进行了实例分析。

（3）以区域网格划分为基础，建立区域固定危险源风险计算模型和危险品运输风险计算模型，舟山某临港石油储运基地作为实例，验证风险评估模型的实用性。

（4）分析有关石化项目陆域部分事故动态演化规划和空间风险分析，并对其进行仿真，运用仿真技术实现有关事故模拟，提高安全规划常用方法的可操作性和快捷性。

（5）建立临港石化项目通航环境的安全影响因素系统评价体系，运用模糊数学理论，对天津石化小区某一临港石化项目设立的通航环境安全的影响进行评判，验证评价体系的可行性和科学性。

（6）用蚁群算法的寻优功能，开发相关程序，并将之运用到石化项目的应急路径规划；一定区域内应急服务点选址的科学确定，开拓有关安全规划的新技术手段。

1.4　本章小结

本章主要对项目研究的目的和内容进行分析，并对有关研究内容的国内外研究现状、采取的研究方法和技术路线等进行了论述。

（1）论述了临港石化项目设立安全规划的必要性，分析了临港石化项目设立安全规划研究的重要意义。

（2）分析了关于规划历史演化逻辑、石化工业安全规划的国内外研究现状，对有关研究成果有了比较系统的了解。

（3）通过对研究现状的述评，客观指出了与本项目领域相关的国内外研究尚存在的局限性，在此基础上提出本项目的研究内容，并分析了本研究所采用的研究方法和技术路线。

（4）总结了本研究的主要创新点。

2 石化项目安全规划理论概述

2.1 石化工业的一般特性

石化工业运行过程中,从原料、中间产品到成品,大都具有易燃、易爆、有毒、易腐蚀等危险。本部分重点分析石化工业的一般特性,从石化工业的物料、运行过程、设备设施等方面来分析其常见的危险性。

2.1.1 石化工业的产品特性

石化工业的全称为石油化学工业,有时也简称为石油化工,是化学工业的重要组成部分,在国民经济中具有重要作用,是一个国家的基础产业之一。石化工业以石油和天然气为原料,生产加工成各类石油化工产品。分析石化工业中可能会导致重大事故的危险源物质的物理和化学性质,对确定安全规划过程中应该重点控制的危险物质非常有必要。在一般石油储备生产过程中所涉及的部分常见产品物质的物理和化学性质如表 2-1所示[61-62]。

表 2-1 部分常见石化产品物化性质指标

产品名称	相对密度	闪点/℃	自燃点/℃	爆炸极限（V/V）/%	危险性类别
原油	0.94	-6.7~32.2	200~300	1.1~6.4	甲类
燃料油	0.98	28	200~300	1.1~6.4	甲类
柴油	0.82~0.87	45~65	350~380	0.7~5.0	丙类
汽油	0.7~0.79	-50~-30	415~530	1.58~6.48	甲类
苯	0.88	-11	538	1~1.4	甲类
甲苯	0.866	4.4	536	1.2~7	甲类
二甲苯	0.88	27.2~46.1	463.8~527.7	1.1~7	甲类
甲醇	0.792	12.2	464	6.7~36	甲类
乙醇	0.79	12	363	3.3~19	甲类
乙二醇	1.11	110	410	3.2~15.3	丙类
正丁醇	0.811	35	365	3.7~10.2	乙类
苯乙烯	0.91	34.4	490	1.1~6.1	乙类

1) 易燃、易爆性

石化工业所涉及的产品很多具有易燃、可燃性质，在一定的温度下能挥发大量的蒸汽，当这些蒸汽与空气混合达到其爆炸极限范围时，在遇到明火、接触散热设备的表面、飘过的炽热微粒、通过的高温气流、静电、放电、闪火等条件下均能引起爆燃或爆炸。有些蒸汽比空气重，能在较低处扩散到相当远的地方，遇明火会引起回燃。

2) 挥发性

一些石化产品具有挥发性，其挥发出来的蒸汽能与空气混合，形成可燃气体，其密度比空气大，飘浮于地面，可以扩散几十米，弥漫于作业场所和储存场所，或积聚于低洼处，如接触火种就会立即引起燃烧或爆炸。

3) 易流动性

很多常见石化产品呈液态，具有流动性，受热膨胀，易于实现管道输送。一旦管路、容器破损或阀门关闭不严，超出容器应装容量，就容易造成跑、冒、滴、漏，不但造成数量损失，污染环境，而且容易发生燃烧爆炸事故，又因为产品流动扩散的特性，在发生火灾时随着设备的破坏，极易造成火灾的流动扩散，而产品在发生火灾爆炸时又往往造成设备的破坏，如罐顶炸开、罐壁破裂或随燃烧的温度升高塌陷变形等。

4) 易积聚性

在常温、常压条件下，石化产品的蒸汽比空气重，因此一旦泄漏，挥发的蒸汽容易滞留在地表、水沟、下水道、电缆沟及凹坑低洼处，并贴着地面，沿下风向扩散到远处，延绵不断，往往在预想不到的地方遇火而引起大面积的火灾爆炸事故。

5) 易产生静电

多数石化产品很容易产生和积聚电荷，而且消散较慢，输送管道的内壁粗糙度越大，产生静电量越多；流速越大，距离越大，产生的静电量越多；温度越高，产生静电荷越多；流经的滤网越密，阀门、弯头等管件越多，产生的静电越多；而产品又属绝缘物质，其导电性差，在收发、输转及加注过程中，介质物质之间、介质和管道、容器、泵、过滤介质以及水、杂质、空气等发生碰撞、摩擦，都会产生静电。当静电积聚到一定程度，电压足够高时，就可能在薄弱环节跳火放电，引起火灾、爆炸事故。静电放电是导致火灾、爆炸事故的一个重要原因。

6) 易沸溢、喷溅

原油、燃料油在燃烧过程中，由于辐射热、热波及水蒸气作用，极易发生沸溢或喷溅。无论沸溢，还是喷溅，都是由于油品中的水分，在热波作用下发生的现象，两种现象既可单独发生，也可同时发生，还可交替出现。两种现象发生前虽有短期征兆，但来势凶猛，易酿成重大事故。

7) 易使人中毒、窒息

一些石化产品具有毒性，这些毒害物质可经呼吸道、皮肤或经口进入人体，重者使人死亡，轻者使人头昏思睡。另外，像氮气虽不属于有毒气体，但在高浓度下，可能引起氧分压降低而导致窒息。

8）聚合性

有部分石化产品（如苯乙烯）极易聚合，且聚合速度随着温度上升而加快，并放出大量的热，可引起容器破裂和爆炸事故。

9）腐蚀

醋酸、盐酸为酸性腐蚀品，接触其蒸汽或烟雾，对鼻、喉、呼吸道及皮肤具有刺激性，重者引起化学灼伤。

2.1.2　石化项目常见事故

在石化储运生产过程中，石化产品的特性是因为危险因素具有潜在的"危险源"，这些危险源在一定情况下，就可以成为事故隐患，一旦事故隐患失去了有效防控，事故就会发生。总的来说，石化项目内一般易发生如下事故[63-65]：火灾爆炸、物理爆炸、中毒窒息、灼烫、机械伤害、高处坠落、触电、淹溺、腐蚀、车辆伤害、噪声危害、雷击危害等。

1）火灾爆炸

油品及化工品在装卸、储存、收发、使用过程中，因设备破损、操作疏忽、仪表失灵等原因发生泄漏，泄漏出的蒸汽如遇火源（明火、雷击火、静电火花、机械火花、摩擦等）可发生燃烧爆炸。电气设备、变配电系统未按规定装设漏电保护器、过电压等保护装置或失效，或线路绝缘损坏、短路，以及防爆场所电气设备、线路、照明不符合防爆要求等，均可能会发生电气火灾。

2）容器爆炸

锅炉、压缩空气储罐等压力容器及压力管道，因设计、制造不合理，材质及安装缺陷，安全阀、压力表失灵、损坏，设备本体、管道、附件发生腐蚀等原因，造成承受力下降，在正常操作压力下和超压情况下均易发生物理爆炸。

3）中毒窒息

装卸、储存的油品及化工品、氮气等的设备发生泄漏后处理不当，或未采取合理有效的防护措施，或现场通风不良，易发生中毒窒息事故，严重的甚至死亡。清理、检修储罐时，未采取合理有效的冲洗、置换、通风措施，未按规定检测蒸汽浓度，或操作人员未采取合理有效的防护措施，超时工作均易引发中毒窒息事故，严重的甚至死亡。当进入内浮顶罐顶部限制空间（浮顶下降形成的空间）进行设备检修等作业时，未按照规范进行气体浓度监测，如果氧气浓度较低不足以满足人员呼吸需要，又未采取合理有效安全措施，可发生人员窒息事故。污水池内易产生和积聚有毒的 H_2S 气体，作业人员如果下池前不检测 H_2S 浓度、不采取通、排风措施，不佩戴必要的防毒用具等，可能造成作业人员的 H_2S 中毒。

4）灼烫

蒸汽、导热油管道若保温层脱落或保温不符合规范要求，人员触及高温部位，或高温物料喷洒至人体，易发生烫伤事故。

5）机械伤害

码头作业人员在解、系船舶缆绳，拆接输送法兰接头，搬运管道及检修过程中，有可能发生手指被挤压、划伤，脚被砸伤，身体被撞伤或扭伤等事故。各类泵、空压机等运转设备外露转动部件，若未按标准设置安全防护装置或装置不齐全，作业人员带电进行检查、检修、操作时，易发生压（轧）、绞等事故。

6）高处坠落

操作人员到 2 m 以上的设备、设施上进行检查、操作或维修时，若未按标准设置钢梯、护栏、平台或设置不完善、损坏，作业人员稍有不慎会发生高处坠落事故。

7）触电

用电设备、照明、配电线路及仪表线路保护接零未接或失效，未按规定设置漏电保护器、过电压保护、电涌保护等安全装置或失灵，以及线路绝缘损坏、线路短路等人体触及这些部位均可能发生触电事故。

8）淹溺

码头作业人员在解、系船舶缆绳，巡视码头作业现场以及上下船舶时，有可能发生落水淹溺事故，作业环境不良时，事故发生的可能性将增大。另外，码头前沿护轮坎设计不当或损坏，装卸作业人员不慎也可能发生落水淹溺。污水池等未按规定安装防护栏或防护栏损坏，工作人员在池边检查、行走不慎落入池中可能造成淹溺。

9）雷击危害

项目中设备、管线、装卸栈台、变配电所及建（构）筑物等，如未按规范、标准设置防雷及其接地设施，或因腐蚀损坏失灵，遇雷雨天气，可能发生雷击，甚至造成火灾和人员伤亡及设备损坏。

10）车辆伤害

汽车收发油过程中，由于厂内道路、安全警示标志、车辆的装载和驾驶员的管理等方面的缺陷均可能引发车辆伤害事故。

11）噪声危害

空压机、输油泵、制氮机、冷却塔等设备，运转期间产生高频噪声，如选型、安装缺陷，消音、隔音措施不当，长期接触超标噪声环境，会严重影响人的身心健康，造成职业性耳聋，并可引发继生伤害。

12）腐蚀

石化码头一般建在海边，海洋大气会对设备造成盐雾腐蚀，导致设备、管道壁厚减薄，承压能力降低可能引发物理爆炸事故；绝缘体绝缘能力降低，可能引发短路等事故；罐体外部腐蚀严重易造成漏油事故。由于原油中含硫，不可避免产生硫腐蚀，储罐内底部易产生水、杂质等沉积物，这些强腐蚀介质对裸露的金属表面危害也比较大。

2.1.3 临港石化项目的一般危险因素辨识

临港石化项目是一类特殊的石化项目，一般情况下，是集石化物品、储存库区和码头为一体的项目，若以码头为界，码头前沿有海域，后方有陆域储罐库区，前沿与后方通过石化码头以有关输送设备连接，实现石化物品的前后方的输送。功能单元是建设项目一个独立的组成部分，在布置上具有相对独立性，在工艺特点上具有紧密性和一致性，根据有关布局和功能不同，将石化码头规划项目分为7个功能单元，各单元的主要内容如表2-2所示。

表2-2 临港石化项目各单元主要内容

功能单元	单元内主要内容
码头选址及码头平面布置	港址、水域布置、通航环境安全规划，路径、给排水、其他安全设施等布置
码头装卸工艺及设备	输油臂、管线等装卸设备设施，扫线管道、各类电气设备布置；装卸工艺及设备、耐火保护、防雷、防静电系统、监测报警装置、压力管道、消防等布置，输送管道布置
库区选址及平面布置	库址选择、平面布置；道路及排水；管线、消防、常规安全设施等
储罐区	储罐、管道、各类电气设备及线路布置；防雷、防静电系统等布置
输运系统	输送管道、泵、汽车装卸栈设施、各类电气设备及线路等；线路选择、管道敷设、防腐、监控系统等
电气	变配电所、电气设备、线路等
公用工程	污水处理设施、锅炉房、氮气站、冷冻站；锅炉房、换热站、空压站、污水处理设施等

对各单元的一般危险性进行辨识，辨识依据主要是在项目的有关设计资料、项目安全和环境影响评价资料及现场调查等基础上进行，辨识结果如表2-3所示。

表2-3 临港石化项目功能单元一般性危险因素辨识结果

危险类型	常见引起危险的因素
火灾爆炸	输油臂、储罐、泵站、汽车装卸栈台、污水处理池等
物理爆炸	锅炉、氮气管道、蒸汽管道、压缩空气管道等
机械伤害	泵等机械设备的外露传动、转动部件
高处坠落	储罐、汽车装卸区、高2 m以上的管架等
车辆伤害	码头、汽车装卸区
触电	各种供用电设备
灼烫	高温蒸汽及导热油管道
淹溺	码头、污水池
中毒窒息	氮气、油品及液体化工品等储存使用场所、污水池
雷击危害	各相关设备、管线、装卸栈台、变配电所及建（构）筑物
噪声危害	空压机、输油泵、制氮机、冷却塔等设备
腐蚀	与海水接触的码头装卸、储罐等设施

2.2　安全规划的概念

对安全规划概念的界定是进行安全规划理论研究的基础，分析安全规划与规划的内在关系，在此基础上，对安全规划的内容和程序进行论述，为石化项目的安全规划做好铺垫。

2.2.1　规划、安全规划的概念

在中国古代，对规划的概念有所提及，元代的马致远在《岳阳楼曲》提出"早虑则不困，早豫则不穷"，指出事前要做好规划而不会陷入困境之意；《唐书·李先弼传》"谋定而后我能少覆众"，指做好计划和安排，则可减少损失和失败；"一发不可牵，牵之动全身"，对规划的系统性都有了启蒙思想。在《汉语大辞典》中，对"规"的解释是：规划并占有；筹划、谋划；计划、安排等多种含义。现在我国习惯地将规划理解为一种长远的、纲要性的、重大专项性的计划。计划又可分多种，按时间长短分：年度计划（1 年时间内）、中期计划（5 年时间内）和长期计划（10 年以上）。规划实质应该是一种远景计划，涉及的时间长，不确定性的因素多[66]。在国外，英文 plan，design，plot，scheme，project，program 等词都有计划和规划的含义，第二次世界大战后"规划论"迅速发展的缘故，现常将"计划"改为"规划"。规划论成为运筹学的一个分支，研究的对象就是要把有限的资源最优地配置到各项相关活动，以实现效益最大化。结合前面对国内外有关规划的思想，将规划的内涵界定为：规划是在一个比较长的时期内为实现特定目标，对复杂系统未来发展的不确定性所作的最优选择，并不断进行动态调节的一个过程。

对安全规划，目前国内主要理解为是对有关重大危险源相关土地利用安全规划，属一种专项土地利用规划。但对于石化工业项目的安全规划的正式解释，在有关法律法规中还没有正式的解释，最早在 2006 年 8 月 17 日国务院办公厅印发的《安全生产"十一五"规划》提出了"要开展化学工业园区区域风险评价和安全规划"[67]，部分学者对化工园区的安全规划概念进行了分析，魏利军等[68]对化工园区安全规划理解为"人们为使化学工业园区工业生产过程安全与经济社会协调发展，而对自身活动所做的时间和空间的合理安排"。国外为了与其他规划加以区别，称之为"关于化工设施的土地利用规划"或直接称之为"土地利用规划（LUP，Land – use Planning）"[69 70]。国内使用"土地利用规划"这个概念有较长历史，含义也比较广，指的是对一定区域的土地在未来一定时间内的一种计划和安排，依据当地经济社会发展水平和土地的特性，从时间和空间上对土地资源进行统筹配置和安排。为了方便对概念的理解，本研究用"石化工业项目安全规划"来表示。

结合规划、土地利用规划的概念思想，本文给石化工业项目安全规划定义为：为了实现石化工业项目在长时期内的安全运行和经济效益，结合土地的特有属性，运用有关安全科学相关理论，对项目区域内的相关安全影响的不确定性因素进行科学合理安排。

2.2.2 安全规划内容和程序

石化工业项目安全规划的主要任务是根据项目的定位、土地条件、现状和未来发展趋势，对项目的发展方向和目标、各功能单元布局进行规划，以保证项目所在区域的安全、稳定、协调和可持续发展。临港石化项目设立安全规划的内容包含：项目选址（包括港口选址和库区选址）；码头及库区平面布局；项目内的生产、经营或储存车间、控制区、仓库和储罐区、办公区、电力、消防、公用工程、道路等平面布局；各功能单位相关设备、设施的选择和布置；附近现有危险源的土地利用情况；项目拟采取的安全管理模式和方式等。

石化项目设立进行安全规划的程序包括以下几方面。

（1）项目的基础资料收集与现场调查。基础资料包括所在区域的城市整体规划，区域的中远期详细规划目标，区域的人口密度分布和建筑物分布，现有的公共设施布局以及中远期发展规划，项目区域的地形状况、地貌情况、地质条件，水文、潮汐、台风、风暴、洪灾、海啸等气象条件，相关类似项目事故的类型、原因以及其规划情况。

（2）对设立项目对外部环境的安全影响进行定性和定量的风险评估，评估其发生各类事故的风险，设立项目要吻合有关区域的城市中长期发展整体规划。

（3）对设立项目内部进行定性定量的风险评估，对项目内部各功能区和平面布局进行风险评价。

（4）在上述评价的基础上，判断项目对所在区域的可接受风险水平，并对有关布局、设备设施等采用适当的安全技术。

（5）如果项目设立在可接受的风险水平基准内，并符合有关安全要求，由行政主管部门对规划可行性进行决策，并对有关规划的实际实施过程进行监督和检查。

（6）如果项目设立的风险超出了区域内对安全的水准，或设立项目的风险超过了可接受水平，则应对项目规划进行调整或采取安全技术措施，从安全、收益、技术条件等方面对规划提出整改方案，调整后的方案若能满足安全要求，有关行政主管部门可以批准规划实施，若不能满足，可对项目予以不通过处理。在安全规划的过程中，还强调该区域的相关公众参与进来，并征求公众对项目设立的意见作为辅助。

有关程序具体如图 2 - 1 所示。

2.3 安全规划方法

目前安全规划方法主要有 3 种：基于安全距离的安全规划法，基于后果的安全规划法，基于风险的安全距离法。

2.3.1 基于安全距离的安全规划法

基于安全距离的安全规划法操作简单方便，便于各方接受与沟通，在实践中被广泛运

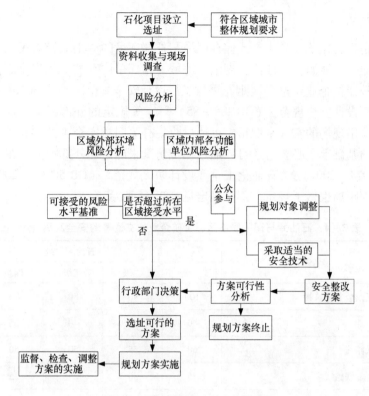

图 2-1 石化项目安全规划程序

用。基于安全距离的安全规划法最早出现在 1810 年，是指在土地规划时对互不相容的区域要根据不同工业类型及储存的危险物质数量而设置适当的隔离防护距离[71]，安全距离的确定主要通过历史数据资料、类似装置的操作经验数据、大致的后果评估或专家的判断来定。安全距离要求工业项目与外部有关场所、居住区、人群集中区及其他场所或相关设施等保持一定的隔离距离，是石化项目制定安全规划必须满足的条件，是风险控制的最低要求。该法的运用原理是基于土地利用规划时要对互不相容的区域进行强制的隔离距离，距离的确定以工业项目活动的类型以及储存危险物料的数量为依据。在实际操作过程中，根据不同工业活动类型对应不同的安全距离，每一类推荐一个安全距离，并且将此距离作为一种行业规范在全国范围内推广。因该方法在安全规划时不考虑系统详细设计特征、安全措施和设施的特殊性等，在项目设立阶段能够保证在新开发项目与原有相关建筑、设施、环境等之间保证一定的隔离距离，从而为进行更深入的规划提供指导。一些常用的关于临港石化项目安全距离的国家标准[72-75]有：《建筑设计防火规范》（GB 50016－2006）、《装卸油品码头防火设计规范》（JTJ 237－99）、《石油库设计规范》（GB 50074－2002）、《石油化工企业设计防火规范》（GB 50160－2008）等。

在临港石化项目中，内部的危险物质众多，而且包含了海域和陆域部分，涉及的安全距离种类繁多，我国的有关标准对安全距离的表述稍有差异，例如在军工行业称为外部距离或安全距离，而在消防行业称为消防间距，在石化行业称为安全距离或卫生防护距离，卫生行业称为卫生防护距离。

1）外部距离

外部距离是指石化危险品生产或储存区域与外部环境的周围城镇居民区、公共福利设施、村庄、交通线、能源线、江河、湖泊、海域、相邻单位等的最小安全距离。一些烟花爆竹和民用爆破器材企业要符合《烟花爆竹工厂设计安全规范》（GB 50161 – 92）和《民用爆破器材工厂设计安全规范》（GB J89 – 85）[76 – 77]等规定的外部距离，这种类型的外部距离的确定不能用现场的实验来取得，可通过收集有关同类安全事故的相关数据，调查和分析事故原因的基础上，必要时还可以通过模拟仿真来确定此外部距离。在《石油库设计规范》（GB 50074 – 2002）、《石油化工企业设计防火规范》（GB 50160 – 2008）等对石化项目与周围外部距离也做了规定，部分规定见表 2 – 4 所示。

表 2 – 4　石油库与周围居住区、工矿企业、交通等的安全距离（m）

序号	名称	石油库等级				
		一级	二级	三级	四级	五级
1	居住区及公共建筑物	100	90	80	70	50
2	工矿企业	60	50	40	35	30
3	国家铁路线	60	55	50	50	50
4	工业企业铁路线	35	30	25	25	25
5	公路	25	20	15	15	15
6	国家 I、II 级架空通信线路	40	40	40	40	40
7	架空电力线路和不属于国家 I、II 级的架空通信线路	1.5 倍杆高	1.5 倍杆高	1.5 倍杆高	1.5 倍杆高	1.5 倍杆高
8	爆破作业场地（如采石场）	300	300	300	300	300

2）防火间距

防火间距指的是为防止火灾的蔓延，以保证扑救人员扑救火灾时以及受灾人员的安全疏散，建筑物之间必须保持一定的安全距离。在常见的设计防火规范中对最小间距作了明确规定。在实际运用中，这种方法的缺点在于缺少对一些具体情况进行实际考虑，比如：项目内的可燃物的数量和种类、热辐射以及建筑物的实际特征等实际情况，在实际发生火灾时，会出现很多变量因素，建筑的高度和空间、气象条件、消防能力、应急能力等诸多因素的影响。防火间距在发生火灾时，所起的防护作用也有一定局限，在较长时间燃烧和热辐射的作用下，这时有关对油罐的防护措施都将可能无效。但适当的防火间距，有利于对内浮顶罐顶部的冷却和延迟外浮顶上方形成爆炸气体混合物的时间，另外还可以减少对邻近油罐的热辐射强度。在《建筑设计防火规范》（GB 50016 – 2006）中也规定了在实际操作中，防火间距的确定要根据火灾实际需要和火灾扑救需要，以及国内外同类工程实践的成熟经验。下面列出石化工业项目部分设计防火间距标准，具体见表 2 – 5。

表 2 - 5 部分石化企业设计防火间距标准

相邻工厂或设施		防火间距/m				
		液化烃罐组 （罐外壁）	甲、乙类 液体罐组 （罐外壁）	可能携带 可燃液体的 高架火炬 （火炬中心）	甲、乙类工艺 装置或设施 （最外侧设备 外缘或建筑物 的最外轴线）	全厂性或 区域性重要设备 （最外侧设备 外缘或建筑物 的最外轴线）
居民区、公共福利设施、村庄		150	100	120	100	25
相邻工厂（围墙或用地边界线）		120	70	120	50	70
厂外 铁路	国家铁路线（中心线）	55	45	80	35	—
	厂外企业铁路线（中心线）	45	35	80	30	—
国家或工业区铁路编组站 （铁路中心线或建筑物）		55	45	80	35	25
厂外 公路	高速公路、一级公路（路边）	35	30	80	35	—
	其他公路（路边）	25	20	60	20	—
变配电站（围墙）		80	50	120	40	25
架空电力线路（中心线）		1.5 倍塔杆 高度	1.5 倍塔杆 高度	80	1.5 倍塔杆 高度	—
Ⅰ、Ⅱ级国家架空通信线路（中心线）		50	40	80	40	—
通航江、河、海岸边		25	25	80	20	—
地区 埋地 输油 管道	原油及成品油（管道中心）	30	30	60	30	30
	液化烃（管道中心）	60	60	80	60	60
地区埋地输气管道（管道中心）		30	30	60	30	30
装卸油品码头（码头前沿）		70	60	120	60	60

3）卫生防护距离

根据《制定地方大气污染物排放标准的技术方法》（GB/T 13201 - 91）[78]，对有关企业的无组织排放有毒物质的行为作了相关规定，要求相关企业需要采取一些科学合理的工艺手段，并强化管理和对设备的维修等手段来减少有毒有害物的无序排放。对有关无序排放的源地所在区域要和居住区区域保证一定的隔离距离，这个隔离安全距离也称为卫生防护带或卫生防护距离，此距离的确定依据现有行业内的相关距离标准，在 GB/T 13201 - 91 中还推荐了可根据实际状况来进行计算卫生防护距离的公式。

无组织排放量计算公式如下：

$$\frac{Q_c}{c_m} = \frac{1}{A}(BL^C + 0.25r^2)^{0.50}L^D \qquad (2-1)$$

式中，c_m 为标准浓度限值，mg/m^3；L 为实际需要防护距离，m；r 为有害物质排放源地的等效半径，m，可根据有关生产企业占地面积 S（m²）计算，$r = \sqrt{S/\pi}$；A，B，C，D 为有关计算系数，见表 2 – 6；Q_c 为工业企业有害气体无组织排放量可以达到的控制水平，kg/h。

表 2 – 6　卫生防护距离计算系数

计算系数	工业企业所在地区近5年平均风速/(m·s⁻¹)	卫生防护距离 L/m								
		$L \leq 1\,000$			$1\,000 < L \leq 2\,000$			$L > 2\,000$		
		工业企业大气污染源构成类型								
		I	II	III	I	II	III	I	II	III
A	<2	400	400	400	400	400	400	80	80	80
	2~4	700	470	350	700	470	350	380	250	190
	>4	530	350	260	530	350	260	290	190	110
B	<2	0.01			0.015			0.015		
	>2	0.021			0.036			0.036		
C	<2	1.85			1.79			1.79		
	>2	1.85			1.77			1.77		
D	<2	0.78			0.78			0.57		
	>2	0.84			0.84			0.76		

在利用 GB/T 13201 – 91 进行有关公式计算时，c_m 可取《环境空气质量标准》（GB 3095 – 1996）[79] 规定的二级标准浓度限值来计算，最大可容许的浓度限值则可取《工业企业设计卫生标准》（TJ 36 – 1979）[80] 确定，每天平均值可以取日平均浓度值的 3 倍。

2.3.2　基于后果的安全规划法

基于后果的安全规划法是目前安全规划的常用方法，该方法始于 20 世纪 70 年代，核心思想是以"最坏假想事故情景"来进行规划。通过运用火灾、爆炸、泄漏、中毒等事故后果的数学模型，通过这些模型计算出有关死亡半径、重伤害半径、财产损失半径和安全区域等，以此作为事故严重程度的量化。其核心是运用一些成熟的"最坏假想事故情景"数学模型，计算"最坏事故情景"的相关变量在达到一定阈值的距离，根据不同的阈值进行规划[81-82]。

在基于后果的安全规划法中，关键是对危险伤害区划分、目标脆弱性确定以及在此基础上确定的相关规划标准。

1）事故伤害分区

事故造成的危害由于距危险源的距离远近不同，造成的伤害区域也不同，按事故伤害的半径来划分有关事故伤害后果。

（1）中毒：毒物侵入人体主要通过食入、吸入或经皮吸收 3 种途径，而一般重大事故中以毒物吸入为主。这里的伤害分区以对于毒物吸入伤害阈值浓度来划分，确定对应一定死亡剂量或严重伤害剂量的距离多少来划分。

（2）爆炸：爆炸的主要危害形式是其产生的冲击波，可以冲击波对应的超压值的不同来划分，并根据超压可能导致死亡或严重伤害的距离来划分。

（3）火灾：火灾的主要危害在于其产生的热辐射，对于火灾产生的热辐射效应，确定在给定暴露时间内可能引起燃烧或导致严重伤害的热辐射相对应的距离。在最常见的火灾事故中，伤害的高低可分为死亡区、重伤区、轻伤区和安全区等，而伤害高低的依据可以按照人体接受热辐射通量的多少来划分，在死亡半径区内为死亡区，在重伤半径区内为重伤区，在轻伤半径内为轻伤区，之外为安全区[83-84]。例如根据热通量造成的伤害分区见表 2-7。

表 2-7　热辐射通量造成的伤害分区

热辐射通量/（kW·m^{-2}）	对人员伤害	区域半径
37.5	10 s 致 1% 死亡 1 min 致 100% 死亡	死亡半径 R_1
25	10 s 致重大烧伤 1 min 致 100% 死亡	重伤半径 R_2
12.5	10 s 致 I 度烧伤 1 min 致 1% 死亡	轻伤半径 R_3
1.6	长期辐射无不安全感	安全半径 R_5

2）目标脆弱性分级

一个石化项目规划时，周围土地规划利用情况不同，其遭受事故伤害的脆弱性也不相同。根据石化项目开发的脆弱性情况，保证项目区域脆弱性目标的安全，并采取不同的防护间距进行限制。一般情况下，目标脆弱性越敏感，则需要的防护距离应越大。石化项目的脆弱性级别划分的依据主要根据区域内有关人群对事故伤害的敏感程度和居住密集程度来确定。脆弱性划分的一般原则是：项目内部人员因为自愿承担更多的风险，脆弱性最低；稍高一层次的是项目区域外的工作人员，承担更多的风险，脆弱性稍高些；再就是一般公众，比项目外部工作人员的脆弱更高些；对公众中的儿童、残疾人、老人和病者等因为逃生能力更弱，脆弱性比一般公众要高；最高级别为大型人群集中区域，一旦发生事故，因为空间的局限性，可能导致大量人员伤亡（表 2-8）。

表 2-8　脆弱性划分分级原则

脆弱性	划分原则	一般场所
I 级	项目区域内部工作人员	项目内部企业
II 级	项目外部工作人员	项目外部工业
III 级	一般公众	居住区或商业区
IV 级	公众中敏感群体	学校、幼儿园、敬老院、监狱等
V 级	大量的 III、IV 级人群	大型居住区、体育场或影剧院等

基于后果的安全规划法根据对危险源事故后果的不同伤害分区，充分结合区域的脆弱性目标的情况，既要考虑规划的经济合理性，又必须在保证脆弱性目标的前提下，对项目进行合理规划。

2.3.3 基于风险的安全规划法

风险是在人类从事某活动或进行决策时，对未来发展的一种不确定性。主要有 3 个要素：风险因素（也称危险因子）、风险事故、损失构成[85]。

1）风险因素

指的是在未来过程中发生某特定损失或增加发生的可能或扩大损失程度的因素，是事故风险发生的潜在原因，是损失的内在的或间接的因素。具体包含：

（1）物的因素：物质的基础条件风险因素。

（2）自然因素：外在自然力量的风险因素。

（3）人的因素：主要是人的心理和行为所构成的风险，有注意力不够、侥幸或依赖心理方面的原因，导致增加风险事故发生或增加损失的严重性。

2）风险事故

指导致生命财产损失的偶然事件，是一种损失的媒介体，造成损失的直接或间接原因。例如：爆炸、火灾、中毒事故等。

3）事故损失

指一种不是故意也没预期到的经济损失或价值的减少，一般分直接损失和间接损失。直接损失是由事故直接导致的财产损失和人身伤害，间接损失是在直接损失之外的额外损失，很多情况下，间接损失额度很大。

基于风险的安全规划法将未来发展过程中事故后果的严重度和发生的可能性进行评估，并予以结合，有时也成为概率风险评价，并结合评估对象的个人或社会风险，依据有关可接受风险标准进行分区。该法在运用时计算复杂且耗时巨大，需要很多数理模型和数据来支撑，引发的概率还有很大的不确定性。

有关区域风险评估方法的公式[86]为：

$$R = \sum_i^m f_i \times L_i \qquad (2-2)$$

式中，R 为特定对象的风险值；f_i 为危险因素（因子）引发第 i 类危险事故发生的概率值；L_i 为 i 类事故的后果，人员伤亡，设备损毁，财产损失等；i 为第 i 类事故；m 为事故类数。

根据事故后果引起伤害的对象类型的差异，通常风险有人员风险、环境风险和财产风险等。人员风险因面对的对象差异可分为个人风险和社会风险两种。个人风险表示一个人死于意外事故的概率，即 $R = f$。而社会风险则表示一特定区域人群死于意外事故的可能性，其表达式为：

$$R = \sum_i^m f_i \times N_i \qquad (2-3)$$

式中，N_i 为特定区域内事故死亡人数。社会风险通常用 $f - N$ 曲线来表示。

2.4 石化事故模型

常见的石化方面的安全事故主要有泄漏、火灾、爆炸、中毒以及可引发的多米诺效应，在进行安全规划时主要考虑的事故也是这几种，本研究对泄漏、火灾、爆炸、中毒事故和多米诺效应的模型进行分析。

2.4.1 泄漏事故模型

在一般情况下，发生事故是源于泄漏的开始，而泄漏产生的原因可能是因为设备损坏、运作失灵、错误操作及安全阀等原因引起有关有害物质的泄漏。下面主要介绍有关液体泄漏量和气体泄漏量的计算模型[87-88]：

1）液体泄漏量模型

伯努利（Bernoulli）泄漏速度方程为：

$$Q_0 = C_d A \rho \sqrt{\frac{2(p + p_0)}{\rho} + 2gh} \qquad (2-4)$$

式中，Q_0 为有关液体泄漏速率，kg/s；C_d 为有关液体泄漏的计算系数，见表 2-9；A 为裂口面积，m²；ρ 为泄漏的有关液体的密度，kg/m³；p 为有关介质压力，Pa；p_0 为环境压力，Pa；g 为重力加速度，9.8 m/s²；h 为裂口之上液位高度，m。

表 2-9　液体泄漏系统 C_d

雷诺数（R_e）	裂口形状		
	圆形（多边形）	三角形	长方形
>100	0.65	0.60	0.55
≤100	0.50	0.45	0.40

2）气体泄漏量模型

气体流动属音速流动时，则下式成立：

$$\frac{p_0}{p} \leq \left(\frac{2}{k+1}\right)^{\frac{k}{k-1}} \qquad (2-5)$$

气体流动属亚音速流动时，则下式成立：

$$\frac{p_0}{p} > \left(\frac{2}{k+1}\right)^{\frac{k}{k-1}} \qquad (2-6)$$

式中，p 为容器内有关介质的压力，Pa；p_0 为外面环境的压力，Pa；k 为有关气体的绝热指数（为等压比热容与等容比热容之间比值）。

在气体呈音速流动情况下，有关泄漏量为：

$$Q_0 = C_d A \rho \sqrt{\frac{Mk}{RT}\left(\frac{2}{k+1}\right)^{\frac{k+1}{k-1}}} \tag{2-7}$$

在气体呈亚音速流动情况下，有关泄漏量为：

$$Q_0 = C_d A \rho \sqrt{\frac{2k}{k-1}\frac{Mk}{RT}\left[\left(\frac{p_0}{p}\right)^{\frac{2}{k}} - \left(\frac{p_0}{p}\right)^{\frac{k+1}{k}}\right]} \tag{2-8}$$

式中，C_d 为相关泄漏的系数，如裂口形状为圆形时系数取 1.00，如为三角形取 0.95，长方形时取 0.90；M 为相对分子量；ρ 为有关气体的密度，kg/m^3；R 为理想气体常数，$R = 8.314\ J/(mol \cdot K)$；$T$ 为有关气体温度，K；p 为容器内相关介质的压力，Pa；p_0 为周围环境的压力，Pa。

2.4.2 火灾事故模型

当有关泄漏事故发生后若遇到点火源的情况下，就可引发火灾事故，火灾模型涉及变量有燃烧速度、燃烧时间、火焰尺寸大小、热辐射强度多少等，常见的有池火、喷射火、火球等模型：

1）池火

（1）燃烧速度模型

当可燃液体沸点比周围环境温度还高的前提下，液面单位面积燃烧速度 dm/dt 计算可用：

$$\frac{dm}{dt} = \frac{0.001H_c}{c_p(T_b - T_0) + H} \tag{2-9}$$

式中，dm/dt 为液面的单位面积的燃烧速度，$kg/(m^2 \cdot s)$；H_c 为某液体燃烧热，J/kg；c_p 为某液体的比定压热容；$J/(kg \cdot K)$；T_b 为某液体的沸点，K；T_0 为周围环境温度，K；H 为液体的汽化热，J/kg。

当液体的沸点比环境温度低的情况下，其单位面积 dm/dt 为：

$$\frac{dm}{dt} = \frac{0.001H_c}{H} \tag{2-10}$$

（2）燃烧高度

采用广泛使用的托马斯经验公式为：

$$L = 84r\left[\frac{dm/dt}{\rho_0\sqrt{2gr}}\right]^{0.61} \tag{2-11}$$

式中，L 为燃烧火焰的高度，m；r 为燃烧液池半径，m；ρ_0 为空气密度，kg/m^3；g 为重力加速度，$9.8\ m/s^2$。

（3）热辐射通量

若以圆形液池半径为 r，池火燃烧产生的总热辐射通量为：

$$Q = \frac{(\pi r^2 + 2\pi rL)\dfrac{dm}{dt}\eta H_c}{72\left(\dfrac{dm}{dt}\right)^{0.61} + 1} \tag{2-12}$$

式中，Q 为燃烧表面产生的总热通量，W；η 为热辐射系数，一般取 0.13 ~ 0.35。

（4）热辐射强度

设所有的辐射热量由位于液池中心点某一微小的球面辐射产生，距液池中心距离 x 处某一目标能接收到的热通量为：

$$I = \frac{Qt_c}{4\pi x^2} \qquad (2-13)$$

式中，I 为热辐射强度，W/m^2；x 为中心距离，m；t_c 为空气透射系数。

2）喷射火

假设有关辐射是由位于地面上的一个点源释放出来，而距点源 x 的地方的入射热辐射强度为：

$$I = \frac{\eta t_c Q_{eff} H_c}{4\pi x^2} \qquad (2-14)$$

式中，η 为效率因子，一般情况下，喷射火为 0.35；t_c 为空气透射系数，一般情况下，喷射火约为 0.2；Q_{eff} 为气体有效泄漏率；x 为目标距点源的距离，m。

3）火球（BLEVE）

（1）火球半径模型为

$$r = 2.665 m^{0.327} \qquad (2-15)$$

式中，r 为火球的半径大小，m；m 为可燃物质的质量，kg。

（2）火球持续时间模型

$$t = 1.089 M^{0.327} \qquad (2-16)$$

式中，t 为火球持续时间，s。

（3）火球燃烧时释放的热辐射通量模型

$$Q = \frac{\eta H_c m}{t} \qquad (2-17)$$

式中，Q 为火球燃烧释放的辐射热通量，W；η 为一种取决于可燃物质饱和蒸气压 p 的效率因子。

（4）目标接受到的热辐射强度模型

$$I = \frac{Qt_c}{4\pi x^2} \qquad (2-18)$$

式中，t_c 为空气传导系数，保守取值为 1；x 为目标距火球中心的距离，m。

2.4.3　爆炸模型

1）物理爆炸能量模型

（1）压缩气体与水蒸气容器爆破能量

有关容器里面介质以气态形式并发生物理爆炸的能量模型：

$$E = \frac{pV}{k-1}\left[1 - \left(\frac{0.101\,3}{p}\right)^{\frac{k-1}{k}}\right] \times 10^3 \qquad (2-19)$$

式中，E 为气体爆破能量，kJ；p 为容器气体绝对压力，MPa；V 为容器的容积，m^3；k 为气体的绝热指数（为气体的定压比热与定容比热之比）。

（2）介质全部为液体时的爆破能量

在常温时液体压力容器爆炸释放的能量模型：

$$E = \frac{\Delta p^2 V \beta_t}{2} \qquad (2-20)$$

式中，E 为爆炸时释放的能量，kg；Δp 为破坏压力与工作压力之差，Pa；V 为容器的体积，m^3；β_t 为液体的压缩系数，Pa^{-1}。

（3）液化气体与高温饱和水的爆破能量模型

$$E = \left[(H_1 - H_2) - (S_1 - S_2)T_0\right]M \qquad (2-21)$$

式中，E 为过热状态液体的爆破能量，kJ；H_1 为爆炸前饱和液体的焓，kJ/kg；H_2 为在大气压力下饱和液体的焓，kJ/kg；S_1 为爆炸前饱和液体的熵，kJ/(kg·℃)；S_2 为在大气压力下饱和液体的熵，kJ/(kg·℃)；T_0 为介质在大气压力下的沸点，kJ/(kg·℃)；M 为饱和液体的质量，kg。

2）蒸气云爆炸

（1）可燃气体的 TNT 炸药当量 WTNT 及爆炸总能量 E

$$W_{TNT} = \frac{\alpha W Q}{Q_{TNT}} \qquad (2-22)$$

式中，W_{TNT} 为可燃气体的 TNT 炸药当量，kg；α 为当量系数（统计平均值为 0.04）；W 为可燃气体质量，kg；Q 为可燃气体的燃烧热，J/kg；

Q_{TNT} 为 TNT 炸药的爆炸热，一般取 4 520 kJ/kg。

可燃气体的爆炸总能量为：

$$E = 1.8\alpha W Q \qquad (2-23)$$

式中，E 为可燃气体的爆炸总能量，J；1.8 为地面爆炸系数。

（2）爆炸伤害半径 R

$$R = C(NE)^{1/3} \qquad (2-24)$$

式中，C 为爆炸实验常数，取 0.03~0.4；N 为有限空间内爆炸发生系数，取 0.1。

（3）蒸气云爆炸长度 L_0

$$L_0 = \left(\frac{E}{p_0}\right)^{\frac{1}{3}} \qquad (2-25)$$

式中，L_0 为爆炸长度，m；p_0 为环境压力，Pa。

（4）爆炸冲击波正相最大超压

$$\ln\left(\frac{\Delta p}{p_0}\right) = -0.912\,6 - 1.505\,8\ln(R/L_0) + 0.167\,5\ln^2(R/L_0) - 0.032\,0\ln^3(R/L_0)$$

$$(2-26)$$

式中，Δp 为冲击波正相超压，Pa；R 为目标到爆炸源的水平距离，m。

模型适用范围为 $0.3 \leqslant R/L_0 \leqslant 12$。

2.4.4　中毒模型

当发生毒物泄漏时，人员中毒的概率模型为：

$$Y = A + B\ln(C^n \times t_e) \tag{2-27}$$

式中，A、B、n 为取决于毒物性质的常数，如表 2-10；C 为接触毒物的浓度，$\mu g/g$；t_e 为接触毒物的时间，min。

表 2-10　常见毒物的有关参数

物质名称	A	B	n	物质名称	A	B	n
氯	-5.3	0.5	2.75	氯化氢	-21.76	2.65	1.0
氨	-9.82	0.71	2.0	甲基溴	-19.92	5.16	1.0
丙烯醛	-9.93	2.05	1.0	光气（碳酸氯）	-19.27	3.69	1.0
甲氯化碳	0.54	1.01	0.5	氟氢酸（单体）	-26.4	3.35	1.0

若毒物瞬时泄漏，有毒气团到达某点的毒物浓度将随时间变化而变化，在毒物泄漏范围内因吸入有毒气而死亡的概率模型为：

$$P = A + B\ln\left[\int_{t_1}^{t_2} C(t)\,\mathrm{d}t\right] \tag{2-28}$$

式中，$C(t)$ 为某 t 时刻环境中毒物浓度；t_1，t_2 为开始、结束暴露时间，s。

2.4.5　多米诺效应

多米诺效应指发生事故后的一种连锁反应和扩大反应，在发生初始事故的前提下，事故扩展到附近的设施或装置，引发后续的多个二次事故的连续发生，并因此产生比初始事故更为严重的后果。一般情况下，需具备下面条件：①存在初始事故，这个初始事故将可以引发多米诺效应；②初始事故发生后，产生事故范围扩大具备如热辐射或超压或碎片等单个或多个组合扩展因素；③初始事故一旦扩展开来定导致一定范围内至少有一个二次事故的发生。在一般情况下，触发多米诺效应发生的事故类型主要有火灾和爆炸两种，火灾引发多米诺效应的主要破坏形式是热辐射，在几种火灾类型中，闪火的时间短，产生的热辐射小而一般不足以使设备失效，故一般情况下不会产生多米诺效应；在发生因沸腾扩展蒸气产生的火球情况下，因其持续时间很短，研究表明也不足以产生多米诺效应；在一些统计的火灾事故中，由池火灾引发多米诺效应的比例最高。由爆炸引发的多米诺效应主要是冲击波、抛射碎片和热辐射。

1）热辐射对人的伤害模型

（1）有衣服保护（20%皮肤裸露）时的死亡几率

$$P_r = -37.23 + 2.56\ln(tQ_1^{4/3}) \tag{2-29}$$

二度烧伤几率：$P_r = -43.14 + 3.0188\ln(tQ_2^{4/3})$ （2-30）

一度烧伤几率：$P_r = -39.83 + 3.0186\ln(tQ_3^{4/3})$ （2-31）

（2）伤亡几率与伤亡百分数的关系

$$D = \int_{-\infty}^{P_r-5} \exp\left(-\frac{u^2}{2}\right) du \quad (2-32)$$

式中，Q_1，Q_2，Q_3为人接受到的热通量，kW/m^2；t为人体暴露于辐射的时间，s；P_r为人员伤害几率单位；D为伤亡百分数，$P_r=5$表示人员伤亡百分数为50%。

2）热辐射对设备的破坏模型

（1）常压情况

$$Y = 12.54 - 1.84\ln(ttf)，$$
$$\ln(ttf) = -1.128\ln(I) - 2.667 \times 10^{-5}V + 9.877 \quad (2-33)$$

（2）高压情况

$$Y = 12.54 - 1.84\ln(ttf)，$$
$$\ln(ttf) = -0.947\ln(I) + 8.835v^{0.032} \quad (2-34)$$

$$F = \frac{1}{\sqrt{2\pi}} \int_{-\infty}^{Y-5} \exp\left(-\frac{u^2}{2}\right) du \quad (2-35)$$

式中，Y为设备受破坏的概率单位值；ttf为失效时间，s；I为目标设备的热辐射强度，kW/m^2；V为设备容量，m^3；F为设备破坏概率，$0 \leqslant F \leqslant 1$。

3）冲击波破坏概率模型

（1）冲击波超压对设备的破坏概率模型

$$Y = K_1 + K_2\ln(\Delta P) \quad (2-36)$$

式中，Y为设备失效的概率单位值；ΔP为峰值静态压力，kPa；K_1，K_2为概率系数。

（2）冲击波对人的伤害概率模型

$$Y = 5.13 + 1.37\ln(\Delta P) \quad (2-37)$$

式中，Y为人受伤害的概率单位值；ΔP为峰值静态压力，kPa。

4）碎片抛射

在已发生的一些工业安全事故中，由碎片抛射引发多米诺效应的情况较多（图2-2）。

碎片抛射基本方程如下：

$$\frac{d^2x}{dt^2} + \frac{\rho C_D A_D}{2m}\left(\frac{dx}{dt}\right)^2 = 0 \quad (2-38)$$

$$\frac{d^2y}{dt^2} + \frac{\rho C_D A_D}{2m}\left(\frac{dy}{dt}\right)^2 = 0 \quad (2-39)$$

$$\frac{d^2z}{dt^2} + (-1)^n\frac{\rho C_D A_D}{2m}\left(\frac{dz}{dt}\right)^2 + g = 0 \quad (2-40)$$

式中，x为x轴运动距离，m；y为y轴运动距离，m；z为z轴运动距离，m；t为飞行时

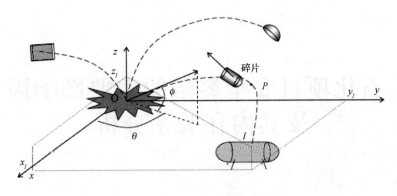

图2-2　碎片抛射图

间，s；C_D 为阻力系数；A_D 为在运动方向的投影面积，m^2；ρ 为空气密度，kg/m^3；m 为碎片质量，kg；n 为碎片上升阶段 $n = 0$，碎片下降阶段 $n = 1$；g 为重力加速度，m/s^2。

2.5　本章小结

本章对有关石化项目的安全规划基础理论进行了分析，为后面有关内容作铺垫。具体内容有以下几点。

（1）对石化工业产品特性和石化项目的一般危险性进行了分析，在此基础上，对临港石化项目的危险因素进行了辨识。

（2）对安全规划的概念与规划之间的内在联系进行了分析，并对安全规划的内容与程序进行了总结。

（3）分析了石化项目安全规划的3种方法：基于安全距离的安全规划法、基于后果的安全规划法、基于风险的安全规划法。

（4）对常见的石化安全事故模型进行了分析：泄漏事故模型、火灾模型、爆炸模型、中毒模型和多米诺效应。

3 石化项目安全容量的主要影响因素及其内在关系分析

3.1 安全容量主要影响因素指标体系及其内在关系

3.1.1 主要影响因素确定

经课题组多次到舟山群岛新区某大型石化基地调研并咨询有关专家，确定了 14 个影响石化基地安全库存容量的主要因素。14 个主要影响因素为：地形条件（S_1）、气象条件（S_2）、人口分布（S_3）、道路交通（S_4）、港口水域状况（S_5）、库区布局（S_6）、港口布局（S_7）、危险化学品种类及其危险性（S_8）、安全投入（S_9）、监控预警（S_{10}）、消防保障（S_{11}）、医疗保障（S_{12}）、安全管理（S_{13}）、应急救援（S_{14}）。

3.1.2 指标体系建立

1）指标体系构建原则

为了保证石化基地安全库存容量指标体系的科学化、规范化，在构建指标体系时，应当遵循如下原则。

（1）系统性原则。指标体系内各影响因素相互之间有一定逻辑性，不仅要全面反映相关系统的主要特征和状态，还能体现各系统直接的内在联系。

（2）典型性原则。指标体系越完整、指标越完善，其评估结果也越可靠，然而随着指标数的增加必然导致后续数据处理工作的成倍增加，合理选择具有代表性的典型性指标具有重要意义。

（3）动态性原则。石化基地安全库存容量本身就具有动态性，并且许多因素需要一定的时间尺度才可以反映出来，必须进行长时间分析才可以确定。

（4）可操作性。指标选取的计算度量方法应当一致，为了保证后期定量评估的可行性，收集指标应当具有较强的现实可操作性。

2）指标体系构建方法

指标体系构建方法主要分为两类，专家评定比较判断和数据统计[89]。两类方法的侧重点、应用方法及应用条件各不相同。专家评定比较判断主要借鉴专家的多年经验积累，适用于评价对象相关研究较少且以定性研究为主的情况。而数据统计法将重点放在多年的数据统计基础上，该方法的评价对象相关研究较成熟，在较长的时间周期内有较为详尽的数据统计。

在此基础上，经过课题组对舟山某岛的长时间调研及专家建议，总结出了 14 个影响石化基地安全库存容量的指标：地形条件、气象条件、人口分布、道路交通、港口水域状况、库区布局、港口状况、危险化学品种类及其危险性、安全投入、监控预警、消防保障、医疗保障、安全管理、应急救援，如图 3 - 1 所示。

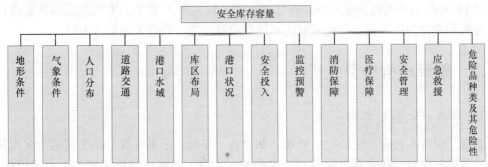

图 3 - 1 指标体系图

3）指标体系组成

（1）地形条件：主要指石化基地周边的高地、高山、开阔平地以及海洋、湖泊等自然地形，不同地形会增大或减小地区内的风险值，从而间接影响安全库存量。

（2）气象条件：主要指全年风向、风力、温度变化、特殊天气条件等与气候相关的物理现象，气象条件不仅影响石化基地事故发生几率，恶劣气象往往会加重事故损失。

（3）人口分布：人口分布密度、人口总量以及人口结构都是安全库存容量的影响因素，尤其是石化基地内员工的比例结构和数量，极大地影响基地内企业的安全生产。

（4）道路交通：道路交通影响石化基地危险品的周转周期，对于周转周期较长的石化基地为了满足基地内企业的日常生产，库存原料危险品必然增加。

（5）港口水域：对于临港石化基地，水域交通作为其重要的危险品进出渠道，良好水域必然会保障危险品的进出安全，并提高周转周期。

（6）库区布局：相对分散的库存结构也会分散基地内各区域的事故风险，难以形成连锁式的重大事故。与此同时，安全库存容量的评估也是库区布局规划的依据。

（7）港口状况：港口吞吐量、港口码头数、港口码头的规模大小对基地水域交通有较大影响，同时码头的吞吐也对应着库存水平，往往大吞吐量的港口配备大量危险品储存装置。

（8）安全投入：人力、物力、财力的投入是安全提升最直观最有效的方法，在一定的安全水平内，安全投入的增加所带来的安全收益高于成本，安全投入的增加可以增加安全库存容量。

（9）监控预警：监控可以减小基地内事故发生概率，预警可以有效减小事故损失，从而降低基地内风险，提高基地内的安全库存量。

（10）消防保障：消防是石化基地防止火灾爆炸事故的重要手段，消防设备设施是石化基地建设中必不可少的要素，良好的消防保障能力可以有效提高基地安全库存容量。

（11）医疗保障：基地内医疗保障能力主要指医院、医生、护士、床位以及医疗通道等因素，其不仅作为事故应急重要组成部分，还是日常安全培训的重要组成。

（12）安全管理：安全管理是从日常生产组织的角度进行合理安排、合理生产，在保证企业生产活动顺利进行的条件下，提高生产的安全水平。

（13）应急救援：应急救援作为应急预案的重要组成部分，可以减小事故损失，从而提高基地风险水平，进而增加基地安全库存容量。

（14）危险品种类及其危险性：石化基地内危险品种类繁多，不同危险品其危险性不同，导致的事故损失不同。与此同时，不同危险品所规定的最大储量也不同。

3.1.3 解释结构模型分析

1）解释结构模型分析方法

系统是由许多具有一定功能的要素（如设备、事件、子系统等）所组成的为实现某一目的或功能的集合，各要素之间具有一定的关联。为了能够更好地了解、运用系统功能，不断改进、升级系统，就必须明确各要素直接的关联性，这就需要建立系统的结构模型。其中，解释结构模型法是一种十分重要且有效的方法。

解释结构模型（ISM）是由美国的著名经济学教授 J. 华费尔特在一次科研分析中开发出来的，为了能够清晰解释复杂的社会经济学问题，利用计算机技术和许多专家学者的经验，建立了一个阶梯状的系统结构模型。该模型最大的优点是将模糊的、主观的、定性的因素以准确的、客观的、定量的方式表达解释出来。无论是国际问题，还是个人问题都可以有效应用这种方法。将系统中各因素总结抽象出来，建立相互影响的网格，从中得到各因素的重要性。

解释结构模型有以下几点性质。

（1）解释结构模型是一种几何模型。该模型主要以点和线来表达系统结构，点表示系统的各类组成要素；线表示点之间存在关系，该关系可以是相关、影响、需求等关系。

（2）解释结构模型分析是定性分析。由于因素之间的关系描述主要以主观定性的语言描述，因此其最终结果只能是对系统的定性分析。通过该方法，可以得到一种因素相对于另一种因素对系统的影响水平强弱，但不能得出确切的强弱数据。

（3）解释结构模型还可以用矩阵的方式来表现。点线所连接而成的有向连接图清晰易懂，可以直观、便捷地表现系统中各因素的关系结构。然而，这种阶梯状的几何模型可以通过线性代数中的矩阵进行描述，该描述方法更加抽象高效，可以有效组织庞大系统中的点和线，为复杂系统解释结构分析提供基础。

（4）解释结构模型是社会科学研究与自然科学研究的结合点。社会科学研究内容大多涉及人的主观影响，难以用准确的自然科学来定义，其研究成果难以形成准确无误的应用。而解释结构模型具有自然科学中点、线、矩阵的概念，因此可以有效提高社会科学与自然科学的结合。

ISM 的工作程序如下：

（1）建立 ISM 分析小组。ISM 分析通常是对复杂系统所应用的，一个全面的 ISM 分析小组尤为重要，人数通常为 10 人。人数过少会导致工作量过高，同时也不可能对系统进行全面的了解。人数过多会降低分析效率，往往在一个问题上花费太多的精力。小组成员应当涉及系统的各个方面，并且对研究的问题高度关注。

（2）设定问题。由于小组成员是系统中各个方面的专家，难以自觉地对同一个问题形成较高的关注度，如果不能事先设定一个问题，就可能面临小组成员意见不一致问题，难以发挥小组成员的优势。因此，事先以文字的形式设定好讨论问题，可以有效避免讨论不集中的问题。

（3）选择系统的要素。系统要素的选择要充分发挥各领域专家的经验，首先要保证充分的民主，可以让小组成员充分表达自己的观点，然后通过一定的方法进行总结提炼，形成系统的组成要素。在此过程中，头脑风暴法、德尔菲法、模糊综合评价法都是较好的提炼要素的方法。要素的选择需要经过多次的反复讨论最终整理成文。

（4）根据要素建立结构模型。通过反复的讨论得到了系统的重要因素，小组成员根据自己的经验对相关领域的要素进行结构排列，然后小组成员一起进行总体的要素结构模型构建。

（5）建立解释结构模型。

2）建立系统影响因素解析结构模型

ISM 方法的基本思想是通过对系统的抽象概括以及对系统要素的相互影响关系分析，将复杂系统分解成若干简单的子系统，最终将整个系统剖解成层次结构明确的多级递阶结构模型，以方便对系统的研究和理解[90-92]。其主要步骤：①建立系统影响因素两两相互关系；②求解可达矩阵；③建立递阶结构模型。

石化基地安全库存容量是基地可接受最大风险条件下的基地危险品总量。经课题组多次到舟山群岛新区某大型石化基地调研并咨询有关专家，确定了 14 个影响石化基地安全库存容量的主要因素。14 个主要影响因素为：地形条件（S_1）、气象条件（S_2）、人口分布（S_3）、道路交通（S_4）、港口水域状况（S_5）、库区布局（S_6）、港口布局（S_7）、危险化学品种类及其危险性（S_8）、安全投入（S_9）、监控预警（S_{10}）、消防保障（S_{11}）、医疗保障（S_{12}）、安全管理（S_{13}）、应急救援（S_{14}）。以这 14 个影响因素作为 ISM 的分析对象，如表 3 - 1 所示。其中"V"表示行对列直接相关；"（V）"表示行对列间接相关；"A"表示列对行直接或间接相关；"X"表示交叉相关；空白为无影响。

表3-1　石化基地安全库存容量各影响因素二联关系

				V	V	S_1 地形条件	
				V	V	S_2 气象条件	
V				V	V	S_3 人口分布	
	V	V		X	S_4 道路交通		
				X	S_5 港口水域状况		
	（V）		A	X	S_6 库区布局		
			A	S_7 港口布局			
（V）	V		V	S_8 危险化学品种类及其危险性			
（V）	V	V	V	S_9 安全投入			
V	V	S_{10} 监控预警					
V	S_{11} 消防保障						
V	S_{12} 医疗保障						
X	S_{13} 安全管理						
S_{14} 应急救援							

建立如下的因素影响关系：

①如果 S_i 对 S_j 有影响时，则在连接矩阵中其对应的元素为 1；

②如果 S_i 对 S_j 没有影响时，则在连接矩阵中其对应的元素为 0；

根据表 3 – 1，建立如下的关联矩阵 A：

$$A = \begin{pmatrix}
0 & 0 & 0 & 0 & 0 & 1 & 1 & 0 & 0 & 0 & 0 & 0 & 0 & 0 \\
0 & 0 & 0 & 0 & 0 & 1 & 1 & 0 & 0 & 0 & 0 & 0 & 0 & 0 \\
0 & 0 & 0 & 0 & 0 & 0 & 1 & 0 & 0 & 0 & 0 & 0 & 0 & 1 \\
0 & 0 & 0 & 0 & 0 & 0 & 0 & 0 & 1 & 1 & 0 & 0 & 0 & 0 \\
0 & 0 & 0 & 0 & 0 & 0 & 0 & 0 & 0 & 0 & 0 & 0 & 0 & 0 \\
0 & 0 & 0 & 1 & 0 & 0 & 0 & 0 & 0 & 0 & 0 & 0 & 0 & 0 \\
0 & 0 & 0 & 0 & 0 & 1 & 1 & 0 & 0 & 0 & 0 & 0 & 0 & 0 \\
0 & 0 & 0 & 0 & 0 & 0 & 0 & 0 & 1 & 0 & 0 & 0 & 1 & 0 \\
0 & 0 & 0 & 0 & 0 & 0 & 0 & 0 & 0 & 1 & 1 & 1 & 0 & 0 \\
0 & 0 & 0 & 0 & 0 & 0 & 0 & 0 & 0 & 0 & 0 & 0 & 1 & 1 \\
0 & 0 & 0 & 0 & 0 & 0 & 0 & 0 & 0 & 0 & 0 & 0 & 0 & 1 \\
0 & 0 & 0 & 0 & 0 & 0 & 0 & 0 & 0 & 0 & 0 & 0 & 0 & 1 \\
0 & 0 & 0 & 0 & 0 & 0 & 0 & 0 & 0 & 0 & 0 & 0 & 0 & 1 \\
0 & 0 & 0 & 0 & 0 & 0 & 0 & 0 & 0 & 0 & 0 & 0 & 1 & 0
\end{pmatrix}$$

在此基础上，根据连接矩阵 A 和单位矩阵 I，进行 $A + I$ 矩阵的幂运算，直到符合下式。

$$M = (A + I)^{n+1} = (A + I)^n \neq \cdots \neq (A + I)^2 \neq (A + I) \tag{3 – 1}$$

式中，n 为任意整数，幂运算必须符合布尔代数运算。

对连接矩阵 A 求得可达矩阵 $M = (A + I)^n$，如果两个元素直接存在可达路径，则其对应的可达矩阵中的元素为 1，同时也表明两个元素之间存在着直接或间接的影响。

规定 $R(S_i)$ 为要素 S_i 的可达集，是在可达矩阵或有向图中由 S_i 可到达的诸要素所构成的集合；$A(S_i)$ 为 S_i 的先行集，在可达矩阵或有向图中可到达 S_i 的诸系统要素所构成的集合；$C(S_i) = R(S_i) \cap A(S_i)$，是可达集与先行集的共同部分；$B(S)$ 是只影响因素而不受其他因素影响的元素为起始集。若 $R(S_i) = C(S_i)$，则 $R(S_i)$ 即为最高级要素集[93-94]，依次划去 S_i 相应的行和列元素，得到第二级的可达集与先行集，同理，得到第二、三、…、n 级位要素集。级位划分结果为：S_{13}、S_{14} 为第一层，S_{10}、S_{11}、S_{12} 为第二层，S_4、S_5、S_6、S_7、S_9 为第三层，S_1、S_2、S_3、S_8 为第四层。并可得到如图 3 – 2 所示的解释结构模型。

3）影响因素解释结构模型分析

从图 3 – 2 中可以看出，石化基地安全库存容量影响因素可以分成 4 层，其具体影响如下：

（1）最高层：包括 S_{13} 安全管理、S_{14} 应急救援两个相互影响的因素。科学全面的安全管理能够有效控制人的不安全行为和物的不安全状态，从而防止事故的发生；迅速有效的应急救援，能够在事故发生后防止灾情和事态进一步蔓延，最大限度地减少人员伤亡和经济损失。安全管理和应急救援通过降低事故概率和减小事故后果两方面降低基地风险，可

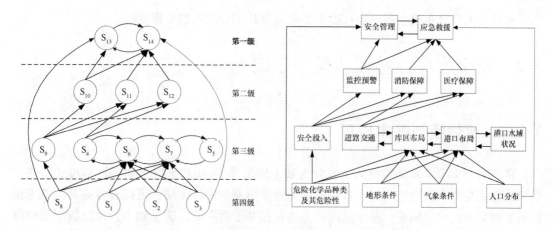

图 3-2　石化基地安全库存容量影响因素解释结构模型

使得基地安全库存容量得到增加。由于石化企业的原料和产品大多都是易燃、易爆、有毒危险化学品，安全管理和应急管理放在最高的位置，这符合整个系统的实际情况，为保证整个系统的安全运行，安全管理水平和应急救援能力都是至关重要的。同时也说明安全管理和应急救援是安全库存容量各影响因素中最为关键的因素。

（2）第二层：包括 S_{10} 监控预警、S_{11} 消防保障、S_{12} 医疗保障 3 个因素。通过采用高新技术手段对各类危险源实施监控预警，能够及时发现并排除隐患，把事故消灭在萌芽状态，变事故处理为事故预防，使安全管理工作提高到一个新层次。消防、医疗是应急救援工作的保障，它们直接影响事态发展和人员伤亡情况，从而影响事故后果。因此，监控预警、消防医疗保障都会影响到基地安全水平，进而影响基地安全库存容量的大小。

（3）第三层：包括 S_4 道路交通、S_6 库区布局、S_7 港口布局、S_5 航道水域状况以及 S_9 安全投入。库区布局会受到道路交通和港口布局的影响，港口布局也会受到航道水域状况和库区布局的影响；而库区在建设过程中将会改进道路交通，港口码头建成后，周围的航道水域状况也因此而受到影响，因此四者是一个相互影响的整体。石化基地企业密集，一旦发生火灾、爆炸或危险化学品泄漏扩散等严重事故，将有可能引发灾难性的"多米诺骨牌"连锁效应。目前已发生的重大安全事故，很多与规划布局不合理、安全间距太小相关，因此，合理的库区布局和港口布局是风险控制的重要途径。同时，道路交通直接影响应急救援时消防和医疗机构的到达时间以及能否靠近事故地点顺利开展救援；安全投入同时影响监控预警，消防医疗保障和安全管理，进而影响基地整体安全水平和安全库存容量。

（4）第四层：由 S_1 地形条件、S_2 气象条件、S_3 人口分布、S_8 危险化学品种类及其危险性 4 个因素组成。地形条件、气象条件、人口分布会影响到基地选址以及库区布局和港口布局，整个石化基地在设立之初进行安全库存容量规划时，最先考虑的就是选址问题，一般石化基地应该选在气象水文条件适宜、地质条件稳定的海域和相应陆域环境，避开易发台风、风暴潮、雷电、地质条件的复杂海域，同时要避开人口密集区域。因此，地形条件、气象条件、人口分布是基地安全状况和安全库存容量最基础的影响因素。而危险化学品种类及其危险性将会影响到安全投入和基地整体风险大小，进而影响安全库存容量的大小。而且，人口分布也会在一定程度上影响应急救援和疏散难易程度。

3.2 安全库存容量评估模型建模

3.2.1 评估模型基本原理

目前对安全库存容量的评估主要分为基于风险[95-97]和基于后果两种评估模式。基于后果的方法是以事故发生的最大事故损失为评估标准的评价方法，可以有效避开因概率统计不足而带来的评估偏差。基于风险的方法是在基于后果的方法基础上，考虑概率影响以风险作为评估标准的评价方法，其评价结果更加真实可靠。本研究选择基于风险的方法，以个人风险为评价标准建立评估模型。

《危险化学品生产、储存装置个人可接受风险标准和社会可接受风险标准（试行）》中给出了目前国内个人风险值的建议，如表3-2所示。

表3-2 我国可接受风险标准值表

防护目标	个人可接受风险标准（概率值）	
	新建装置（每年）≤	在役装置（每年）≤
低密度人员场所（人数<30）：单个或少量暴露人员	1×10^{-5}	3×10^{-5}
居住类高密度场所（30≤人数<100）：居住区、宾馆、度假村等；公众聚集类高密度场所（30≤人数<100）：办公场所、商场、饭点、娱乐场所等	3×10^{-6}	1×10^{-5}
高敏感场所：学校、医院、幼儿园、养老院、监狱等；重要目标：军事禁区、军事管理区、文物保护单位等；特殊高密度场所（人数≥100）：大型体育场、交通枢纽、露天市场、居住区、宾馆、度假村、办公场所、商场、饭点、娱乐场所等	3×10^{-7}	3×10^{-6}

在此基础上，参照国际ALARP原则，以个人潜在死亡率1×10^{-4}为个人风险评估标准。

石化基地各企业危险品性质、比例结构、数量不同，工艺、周边环境千差万别，因此各企业库存风险类型不一。然而，危险品储存风险在一定程度上存在相似性，主要风险事故差别不大，研究主要事故类型，分析石化基地主要的库存风险可以提高库存容量的评估效率。石化基地主要库存风险事故类型如表3-3所示。

表3-3 石化基地常见事故类型

库存风险事故类型	事故原因
中毒事故	液氨、液氯等有毒液化气体，沸点较低，泄漏后在常温下气化膨胀，并迅速扩散。在太阳辐射、大气流动的影响下，形成有毒云团，并覆盖泄漏地区。随后在天文、地理、气候等条件的影响下缓慢稀释扩散

续表

库存风险事故类型	事故原因
池火灾	易燃液体于罐体、管道薄弱处泄漏，四处流窜。在防火堤、围堤作用下形成液池，遇明火点燃，形成池火灾
蒸气云爆炸（VCE）	氢气、天然气等易燃易爆气体泄漏，在大气流动的作用下，呈纵向或横向扩散。与空气混合后形成了易燃易爆混合气体，遇明火后整个蒸气云相继点燃，能量瞬间全部释放，从而产生蒸气云爆炸
沸腾液体扩展蒸气云爆炸（BELEVE）	该事故多为连带事故，易燃易爆液体在高温作用下于罐体、管道内沸腾，容器内部压力增高，从而导致容器泄漏。沸腾液体泄漏后迅速气化形成蒸气云，从而导致与蒸气云爆炸相类似的事故

石化基地库存危险品主要危险事故为池火灾、爆炸和毒气扩散，其导致基地各点的热辐射、爆炸冲击及有毒气体浓度分布各不相同。本文综合考虑各类伤害形式，提出伤害当量的概念，实现不同伤害形式、伤害后果在同一地点的风险当量叠加，进而形成基地总体风险分布图。其叠加示意如图3-3所示。

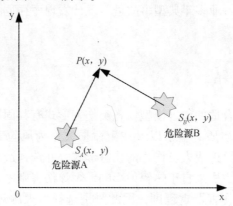

图3-3　风险叠加示意图

本研究以潜在生命损失作为风险表征，以库存危险品为研究对象，分析其对基地各点的风险影响，将各类危险品所产生的风险当量在区域内进行叠加，计算潜在生命损失并与临界值进行比较，进而估算石化基地安全库存容量。其原理如图3-4所示。

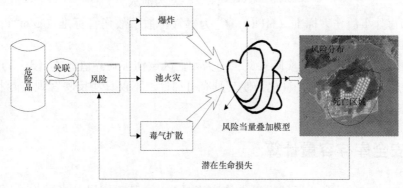

图3-4　安全库存容量评价原理图

3.2.2 石化基地风险当量

石化基地库存危险化学品种类繁多，事故伤害形式复杂，不同伤害形式在同一点的直接叠加较为困难。因此，本文提出风险当量的概念。风险当量是指事故发生概率与伤害当量的乘积，而伤害当量为事故伤害后果与伤害标准之比。鉴于其相对性，其值消除了不同伤害形式的量级差异，在此基础上的基地任意点风险当量计算见下式。

$$RE(x,y) = \sum_{k=1}^{N} f \cdot CE_k(x,y) \qquad (3-2)$$

式中，$RE(x,y)$ 为石化基地（x,y）点风险当量总值；f 为重大危险源事故发生概率；N 为事故类型综述；$CE_k(x,y)$ 为危险源发生 k 事故对（x,y）点的伤害当量。

式（3-2）表明风险当量具有叠加性，并随基地库存容量的增加而增大，通过对风险上限的研究可以得出基地安全库存容量。目前，我国安全信息系统尚不完善，库存危险源事故概率统计资料匮乏，事故分类统计结果可靠性低。由于不同危险品单独存储且其主要事故类型相对单一，对同行业多年典型事故进行统计发现库存危险品各类事故概率都趋于重大危险源事故发生概率[98]。

3.2.3 伤害当量计算

伤害当量计算应选择合适的伤害模型，各类伤害形式有其固有的伤害特点，伤害模型的选择应反映事故伤害的本质。鉴于以潜在生命损失作为风险表征，本文主要考虑池火灾、爆炸、毒气扩散 3 种可造成人员伤亡的伤害形式，并选择造成人员死亡伤害临界值作为伤害标准。池火灾伤害主要来自于热辐射影响，爆炸伤害则考虑爆炸冲击波作用，毒气扩散以有毒气体浓度作为伤害严重程度，因此分别选择点火源热辐射模型[99]、萨多夫斯基冲击波超压峰值模型[100]、高斯烟羽模型[101]（高度取人的平均身高1.7 m）作为伤害模型，则基地（x,y）点所受伤害当量计算式如下：

$$CE_k(x,y) = \begin{cases} P(x,y)/P_s(k \text{ 为爆炸事故}) \\ C(x,y)/C_s(k \text{ 为毒气扩散}) \\ I(x,y)/I_s(k \text{ 为池火灾}) \end{cases} \qquad (3-3)$$

式中，P_s 为爆炸事故伤害标准（MPa）；C_s 为毒气扩散事故伤害标准（g/m³）；I_s 为池火灾事故伤害标准（W）。

3 个标准应当具有相同的实际意义，同为死亡区域伤害临界值。式（3-3）将不同伤害形式所造成的伤害进行统一量化，使其具有可加性，不仅真实反映客观实际状态，更为计算机实现提供基础。

3.2.4 安全库存容量计算

由式（3-3）知，死亡区域临界点伤害当量为1，其对应风险当量为 f，则集合 $U=$

$\left\{ (x, y) \mid RE(x, y) \geqslant f \right\}$ 内的点均处于死亡区域，其对应区域面积 S_U，在人口实际密度 ρ_U 已知情况下，年人口潜在损失 R_{av} 如下式：

$$R_{av} = S_U \cdot \rho_U \qquad\qquad (3-4)$$

安全库存容量受限于风险容许上限值，本文以潜在生命损失作为风险表征，参照 ALARP 原则将可接受年死亡率上限取为 10^{-4}，在区域流动人口数 n 已知情况下，年人口潜在损失上限 $R_{av上限}$ 如下式：

$$R_{av上限} = 10^{-4} \cdot n \qquad\qquad (3-5)$$

当年人口潜在损失满足关系式（3-6）时，库存容量处于可接受水平。

$$R_{av上限} \geqslant R_{av} \qquad\qquad (3-6)$$

在此条件下，每吨当量危险品所造成的平均年人口潜在损失 $R_{av均}$ 如下式：

$$R_{av均} = R_{av}/M \qquad\qquad (3-7)$$

在此基础上不改变基地产业结构的条件下（仅进行园区扩容建设），安全库存容量 M_{max} 满足下式：

$$R_{av均} \cdot M_{max} = 10^{-4} \cdot n \qquad\qquad (3-8)$$

该石化基地安全库存容量计算模型算法流程，如图 3-5 所示。

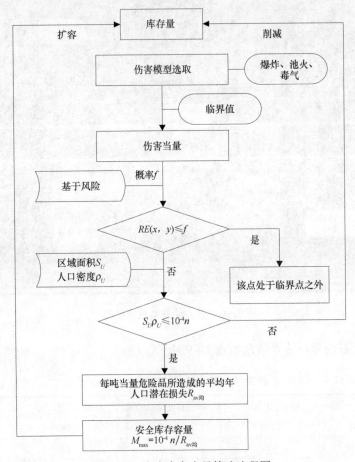

图 3-5　安全库存容量算法流程图

3.3 石化基地安全库存容量实例模拟

在石化基地安全库存容量建模基础上，运用 Matlab 对舟山某岛石化基地进行安全库存容量评估模拟，从实例角度论证该模型的实用性及可靠性。

3.3.1 石化基地信息概况

以某知名石化基地为例计算该基地安全库存容量，该基地主要由三大集团下属分公司组成，以原油、成品油仓储为支柱产业，总占地面积 2.8 km²。据统计，基地危险品总量共 700 万吨，近期规划二期扩建工程。库存危险品主要以原油为主，成品油占总储量 8% 左右，液氨、甲醇等化工原料库存较少。针对基地危险品库存现状分析库存风险分布，计算基地安全库存容量。其库存储备基地卫星图如图 3-6 所示。

图 3-6 石油储备基地卫星图

基地内 3 家石油公司基本信息如表 3-9 所示。

表 3-9 石油基地总体情况一览表

企业名称	罐容/10⁴ m³	码头吞吐量/10⁴ t	职工人数/人	占地面积/km²
A 石油转运公司	256	4 100	190	0.934 3
国家石油储备基地	500	—	37	1.41
B 石油储运公司	57	662	82	0.455 7

1) 储罐区概况

储罐区共有储罐 130 座，总罐容 813×10^4 m³，主要储存原油、柴/汽油、燃料油等油品，具体情况见表 3-10。

表 3-10　储罐区情况一览表

企业	罐组	储罐编号	油品	罐容/m³	数量/座	罐型	防火堤面积/m²	维温/℃
国家石油储备基地	1~7	均为 6×10^4 m³	原油	100 000	42	双盘外浮顶罐	70 800	保温
	8	5×10^4 m³		100 000	5		65 060	保温
	9	3×10^4 m³		100 000	3		36 400	保温
A石油转运公司	1	C-01、C-02	原油	55 000	2	外浮顶罐	26 640	保温
		C-23、C-24		30 000	2			保温
	2	C-05~C-08	原油	50 000	4	外浮顶罐	29 570	保温
	3	C-09~C-12	原油	50 000	4	外浮顶罐	27 700	保温
	4	C-13、C-14	原油	55 000	2	外浮顶罐	18 200	保温
	5	C-15~C-18	原油	50 000	4	外浮顶罐	29 060	保温
	6	C-19~C-22	原油	50 000	4	外浮顶罐	28 000	保温
	7	C-03~C-04、C-25	原油	100 000	3	外浮顶罐	49 260	保温
	8	D-01、D-02	柴油	30 000	2	外浮顶罐	12 260	常温
	9	J-01、J-02	航煤	20 000	2	外浮顶罐	17 460	常温
		F-01、F-02	燃料油	20 000	2	外浮顶罐		常温
	10	DF-03~D-05	柴油	5 000	3	外浮顶罐	9 450	常温
		F-03	燃料油	5 000	1	外浮顶罐		常温
	11	F-04、F-05	燃料油	5 000	2	外浮顶罐	4 920	常温
		D-06、D-07	柴油	5 000	2	外浮顶罐		常温
	12	D-08、D-09	柴油	10 000	2	外浮顶罐	4 770	常温
		F-06、F-07	燃料油	10 000	2	外浮顶罐		保温
	13	C-27~C-31	燃料油	60 000	6	外浮顶罐	52 380	保温
	14	C-32~C-38	燃料油	100 000	6	单盘浮顶罐	70 380	保温
B石油储运公司	1	1~8#	汽油、柴油	20 000	8	内浮顶罐	31 600	常温
		9#		10 000	1			
		10~11#		5 000	2			
	2	19~20#、38~42#	燃料油	50 000	7	外浮顶罐	54 600	45
		18#		30 000	1			
	3	16~17#	燃料油	5 000	2	拱顶罐	3 400	45

2）气象条件

（1）风向频率

全年统计表明，春季和夏季多为西南风；秋季和冬季多为北风（图3-7）。

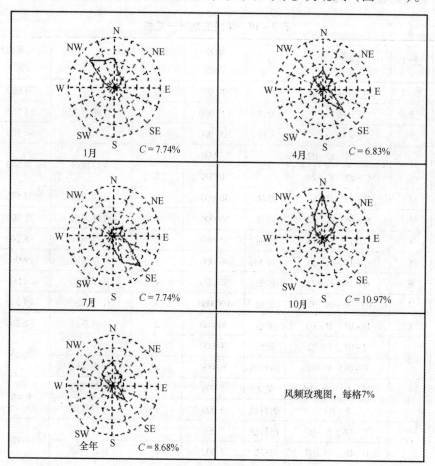

图3-7　风频玫瑰图

（2）平均风速

全年统计表明主导风向风速约为3.0 m/s；而次风向的风速相对较小，大约在2.0 m/s以下。全年平均风速2.88 m/s（图3-8）。

（3）大气稳定度

舟山地区以中性D类稳定度为最多，全年为69.87%；不稳定A、B类层结全年为9.95%；稳定E、F类层结全年为20.18%。各类稳定度下以A类稳定度风速最大，平均为3.76 m/s，其次为D类稳定度，平均风速为3.57 m/s。

（4）气温

舟山地区年平均气温16.6℃，年最高气温38.7℃，年最低气温-6.6℃。

（5）雷暴

舟山平均雷暴日28.4 d。

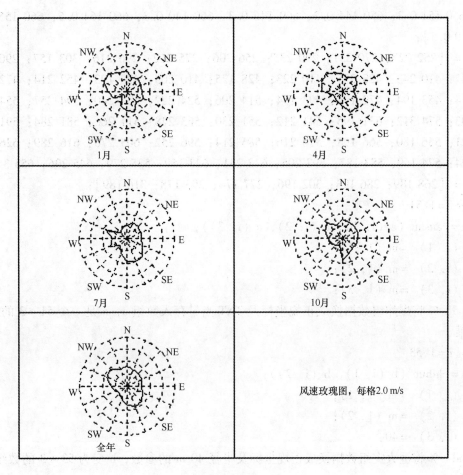

图 3 - 8 风速玫瑰图

3.3.2 石化基地库存风险仿真模拟

以热辐射强度、高斯烟雨模型、冲击波峰值超压公式及伤害当量公式为相应伤害模型，依据伤害当量公式计算各罐体对基地各点的伤害当量。

1）Matlab 模拟程序设计

上述过程使用 Matlab 进行仿真模拟，部分程序代码如下：

a = [214 162 0.3；216 166 0.3；218 158 0.3；222 162 0.3；243 139 0.3；246 144 0.3；247 136 0.3；250 141 0.3；221 147 0.5；228 180 0.5；233 187 0.5；236 191 0.5；237 167 1；243 177 1；245 160 1；253 169 1；256 151 5；263 161 5；292 84 6；296 70 6；305 86 5；308 75 5；314 126 5；329 130 5；318 113 5；333 116 5；532 110 5；523 99 5；533 98 5；514 85 5；525 85 5；534 85 5；544 85 5；574 76 5；636 162 6；636 146 6；621 131 6；621 115 6；636 132 6；636 117 6；621 103 5；636 104 5；650 165 0.3；650 158

0.3；650 151 0.3；650 144 0.3；660 146 0.3；660 140 0.3；660 164 0.5；660 155 0.5；
523 110 0.5]；

b＝[252 227；270 231；290 235；256 206；275 212；296 216；303 157；290 146；
319 147；410 243；428 235；410 223；428 125；410 203；428 193；452 214；472 214；
493 214；453 194；472 194；493 194；514 206；524 222；534 240；594 257；554 276；
564 293；574 312；531 195；541 212；551 230；563 248；511 266；581 284；591 303；
602 321；556 180；566 198；576 216；585 214；596 252；605 270；616 289；626 305；
637 324；574 169；583 187；593 205；613 241；623 159；535 279；645 296；655 313]；

c＝[268 189；286 193；302 196；277 174；293 178；316 189]；

for i＝1:51

m＝canshu (a (i, 1), a (i, 2), a (i, 3))；

a (i, 1) ＝m (1, 1)；

a (i, 2) ＝m (1, 2)；

a (i, 3) ＝m (1, 3)；

end %将爆炸组数据换成正规坐标及 TNT 当量存入数组 a，a 是一个 51 * 3 的数组，
51 个罐子

for i＝1:53

m＝chihuo (b (i, 1), b (i, 2))；

b (i, 1) ＝m (1, 1)；

b (i, 2) ＝m (1, 2)；

b (i, 3) ＝40；

end %将池火灾组数据换成正规坐标及半径 40 m 的参数，b 变为 53 * 3 的数组，53
个罐子

for i＝1:6

m＝duqi (c (i, 1), c (i, 2))；

c (i, 1) ＝m (1, 1)；

c (i, 2) ＝m (1, 2)；

end %将毒气数据换成正规坐标

x＝0:500:3936；

y＝0:500:2233；

[x, y] ＝meshgrid (x, y)；

RE＝0； %当量风险赋予初值

for i＝1:53

RE＝RE＋2630000/4/3. 14/37. 5 * 1. 6401/10000000. / ((x－b (i, 1)) . ^2＋ (y－b
(i, 2)) . ^2)；

end %火灾热辐射风险叠加

for i＝1:51

z＝((x－a (i, 1)) . ^2＋ (y－a (i, 2)) . ^2) . ^0. 5/ (a (i, 3) ^ (1/3))；

```
zz = 13.6 * (a (i, 3) /1000) ^0.37/ (a (i, 3) ^ (1/3));
if z < = 1
RE = RE + (0.084./z + 0.27./z.^2 + 0.7./z.^3) / (0.084/zz + 0.27/zz^2 + 0.7/zz^3)
*1.6401/10000000;
else if 1 < z < = 15
RE = RE + (0.076./z + 0.255./z.^2 + 0.65./z.^3) / (0.076/zz + 0.255/zz^2 + 0.65/
zz^3) *1.6401/10000000;
else z > 15
RE = RE + 0;
end
end
end     %爆炸风险叠加
for i = 1:6
u = 0.22 * (abs (x - c (i, 1)) ./ (1 + 0.0001.* abs (x - c (i, 1))) .^0.5);
o = 0.2 * abs (x - c (i, 1));
RE = RE + 19./ (2 * 3.14 * u.* o).* exp (- (y - c (i, 2)).^2/2./u.^2).*
(exp (-0.8 * 0.8/2./o.^2) + exp (-4.2 * 4.2/2./o.^2)) /3700/10 * 1.6401;
end     %毒气扩散风险叠加
qq = 0.* x + 0.* y + 1.6401/10000000;
surf (x, y, RE)
```

其中包含 3 个 M 文件如下：

```
canshu
function y = canshu (m, n, u)
m = (m - 111.65) * 3936.43/698.92;
n = (n - 29.399) * 2232.92/269.9;
switch u
    case 10
        u = 44944;
    case 6
        u = 26966;
    case 5
        u = 22472;
    case 1
        u = 4494.4;
    case 0.5
        u = 2247.2;
    case 0.3
        u = 1348.3;
```

```
end
y = [m n u];

chihuo
function y = chihuo (m, n)
m = (m - 111.65) * 3936.43/698.92;
n = (n - 29.399) * 2232.92/269.9;
y = [m n 40];
duqi
function y = duqi (m, n)
m = (m - 111.65) * 3936.43/698.92;
n = (n - 29.399) * 2232.92/269.9;
y = [m n];
```

2）仿真计算结果

其风险当量空间分布如图 3 - 9 所示。

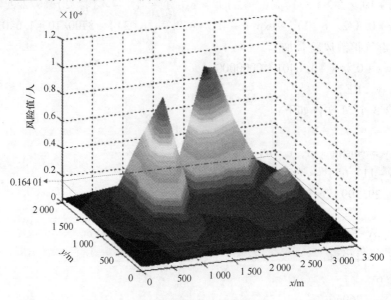

图 3 - 9　风险当量空间分布

由上图可知，区域内有 3 处风险较为集中地区，符合三大集团公司分布特点，红线平面风险当量值为死亡区域风险当量临界值，其与风险当量空间分布图所交区域为实际死亡区域，为了便于计算，用网格命令处理相交平面，经处理实际死亡区域如图 3 - 10 所示。

白色区域为风险当量空间分布图中风险值大于风险允许值的区域，为死亡区域。其面积 $S_U = 462.5 \times 10^4 \text{ m}^2$，根据死亡区域人口实际分布密度 $\rho_U = 1 \times 10^{-7}$（考虑地形及海岛特征）及区域流动人口数 $n = 10\ 000$，由式（3 - 3）、式（3 - 4）计算得 $R_{\text{av上限}} \geqslant R_{\text{av}}$，表明基

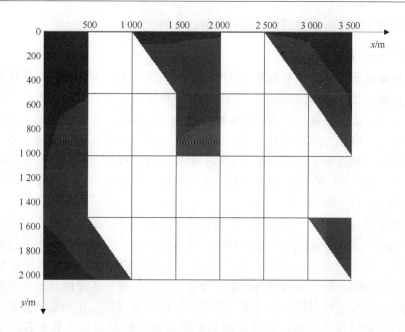

图 3 - 10　死亡区域网格图

地库存容量小于允许值，可实行扩容。此外，根据式（3 - 6）、（3 - 7）计算可知，基地安全库存容量 M_{max} 约为 1 729.7 $\times 10^4$ t。在基地产业结构不变的情况下，其中商品油、汽油类最大储量为 138.4 $\times 10^4$ t；液氨、甲醇类最大储量为 112.5 $\times 10^4$ t；原油类最大储量为 1 478.8 $\times 10^4$ t。

3.4　安全容量主要影响因素内在机制系统动力学仿真

3.4.1　主要影响因素内在作用机理

1）主要影响因素提取

石化基地安全库存容量主要受上述 14 个因素影响，为了适应定量系统动力仿真，从各影响因素中提取便于定量分析的数据尤为重要。对此，通过对 14 个要素的整合分析以及对企业的实地调研，将原来的 14 个因素提取成定量因素，例如：人口分布以地区人口密度体现，安全投入以投入资金数额体现等。

石化基地安全容量主要受到上述所列的 14 种影响因素制约，并随基地各安全影响因素变化而动态变化，石化基地安全容量计算是在规定风险容许限制条件下求解最大值的统筹学规划问题，基地危险品总量风险评估是解决该问题的基础条件。结合 14 个主要影响要素并整合提取了一些可量化的因素指标，建立基于 Vensim 的系统动力仿真模型，研究不同要素组合下基地安全容量变化趋势，来探讨基地安全容量影响因素的作用机制，并可为基地扩大或减少库存容量提出切实可行的措施方案。

2）作用机理分析

目前对风险的研究主要从事故发生概率及事故损失后果两方面开展，石化基地安全容量影响模型构建主要从这两方面进行。从系统动力角度看，事故发生主要由人的不安全行为、物的不安全状态及环境不安全因素推动，推动力的强弱表征了事故发生概率高低，其源动力来自于安全管理、地理交通、资金投入、库区布局等综合指标的相互作用。事故损失是系统风险另一重要影响因素，基于本质安全化考虑，石化基地危险品总量直接影响事故损失水平。与此同时，危险品比例结构、应急救援、人口分布、资金投入等在不同程度上影响事故损失后果。

建立石化基地安全容量内部系统动力运行机制，通过事故发生概率、事故损失的外部表现形式可揭示各因素对基地安全容量影响，具体如图 3－11 所示。图中虚线框内安全管理、气象条件等影响因子是由 14 个影响因素总结归纳得到，不仅清晰明了地反映影响因素对安全容量的影响机理，同时将各因素整合分类成易用数字表示的量，便于后续仿真实现。基地危险品容量影响事故发生概率及后果，各因素通过相互作用对风险进行调节，通过计算其风险并与风险容许值进行比较不断调整基地危险品容量，直至其趋于基地安全容量。

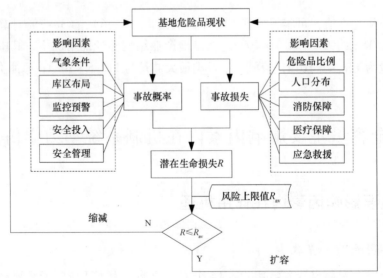

图 3－11　石化基地安全容量影响因素模型构建原理图

3.4.2　系统动力学仿真过程

1）系统动力学仿真基础

日常生活中涉及许多系统，对系统的研究是科学研究中必不可少的一部分，如生产制造系统、空中作业系统、行车作业系统。这里的系统是指为了完成某一目标而由一些相互作用的元素组成的整体。例如，一个测井系统，含有井上设备、测井工作人员、连接装置、井下设备等元素，各元素协调工作最终取得被测井参数。

大多数情况下，对实际工作的系统进行实验是相对困难的，因为系统实验涉及系统的方方面面，需要大量人力、物力配合成本过高，有时即使有足够的人力、物力，系统中许多不可实验因素也会妨碍研究进行。例如：对飞行员进行每月飞行技术培训检验，如果让每一个飞行员都进行实际飞行检验，其成本是巨大的。这时便需要一个与飞行系统相似的仿真系统来减少培训检验成本。

模型是系统的抽象，复杂系统仿真最关键的部分是如何将系统抽象出符合研究要求的模型；模型是系统的简化，但该简化是存在人的主观因素的，由于研究目的、研究内容的差异，模型必须删减与研究不相关的部分，而有利于仿真的进行却不影响研究内容中的仿真结果。模型分为物理模型和逻辑模型，其中逻辑模型包括符号模型、解析模型和仿真模型。

系统动力学仿真技术的前提基础是对系统的模型概括，必须对对象系统进行抽象，建立一个符合自身模拟要求且不失真的系统模型。在此基础上，该仿真技术还需要其他理论技术的支持，例如：控制理论、计算机信息技术以及流程设计等领域技术，利用计算机及各类仿真设备对系统模型进行真实或者假想的动态实验研究。系统动力学仿真的对象是系统，对系统的实验主要通过对系统的模型进行操作，从而达到仿真目的。系统动力学仿真包括3个基本步骤，首先要建立系统模型，其次将系统模型与计算机技术相结合构造适于计算机处理的仿真模型，最后根据仿真目的以及实际条件进行仿真实验，即形成系统、模型、计算机三大要素。其具体关系如图3-12所示。

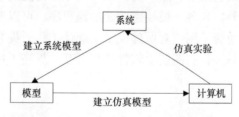

图3-12 系统仿真原理图

系统动力学仿真可以分成不同的仿真类型，其分类标准也有所不同。在具体应用过程中，主要按照仿真对象性质、功能及用途、仿真系统的结构、仿真过程中虚实结合的程度以及时钟性质进行分类。在仿真过程中首先要根据实际目的考虑仿真结果需求，然后进一步结合具体仿真类型不同特点进行选择。

2）系统动力学仿真软件

现代系统动力学仿真软件功能强大，具有友好的图形界面，并提供了面向对象的建模方式，将许多功能算法进行了包装，大大简化了用户的仿真过程。与此同时，2D、3D特效、输入模块的数据分布拟合、结果输出误差矫正等模块也逐渐加入进来，不断提高仿真的真实有效性。

目前，市场上有许多系统动力学仿真软件，许多软件还在不断地改进加强，它们面向食品加工系统、培训管理系统、电子设备生产系统等领域，可以有效提高系统工作效率和准确性。常用的系统动力仿真软件有如下几款。

（1）Arena

Arena 是美国 SystemModeling 公司于 1993 年开始研发出的一款系统动力学仿真软件，具有良好的人机交流界面，提供交互式模块搭建功能，快速解决计算机模拟和 3D 技术的结合。其可以与 VB、C 语言、C＋＋等编写的程序实现无缝连接。经过 22 年的各界仿真专家学者不断地更新改革，形成了立体感强、层次清晰的应用界面。

（2）AutoMod

AutoMod 是集物流、分析、可视于一体的仿真软件，是美国 Brooks Automation 公司的标志性产品。首先它提供了 AutoMod 模块，该模块可以实现日常生活中的物流建模，该物流不仅仅是时下的货物运输流配，对于小系统的物品流动通道也可进行精确的分析模拟。例如：起重机、货车等交通运输。除此之外，它还提供了 AutoStar 模块可以对之前建立的物流模块进行计算，在前期搜集数据准确的情况下，可以准确清晰地计算整个物流系统的流动状态，计算节点的流量等信息。在此基础上，为了让使用者更加清楚明了，它还提供了 AutoView 模块可对整个物流系统进行立体化、可视化呈现，使整个系统仿真更加的清晰可靠。

（3）ExtendSim

ExtendSim 是美国 Imagine That 公司开发的系统动力仿真软件。该软件最大的特色是开放性。它提供了非常强大的自定义功能，使用者可以根据自身需求自己定义常用工具以及模块，大大提高了工作结果的重复利用，提高工作效率。与此同时，该软件提供了开放的程序代码编写，用户可以触摸到各个模块、功能的源程序，可以清晰地看到程序的运行状态和运行过程，因此极大便捷了用户对所建模型的确认工作，提高了仿真效率。该软件具有非常好的交互接口，可与多款制图制表软件进行交互，提高了用户的工作效率，使用户专心于系统的模型构建。

（4）Flexsim

Flexsim 是美国 Flexsim 公司开发的系统动力仿真软件。该软件最大的特色是其高度开发的功能模块、功能对象以及高度便捷的立体、可视手段。Flexsim 中的功能部件是经过大量专家研究以及实际调研之后开发的，其属性、事件之全面让人瞠目结舌。因此，该软件可以实现多种系统的仿真模拟，其中以对离散系统的模拟而出名。基于其部件属性的全面性，它可以将一个部件运用到多个系统上以实现不同目的。在部件使用过程中，每个部件都是从部件库中直接拖到三维坐标中的，每个部件都有坐标，这使得仿真过程可以实现任意阶段的 3D 效果。值得一提的是，该软件使用基础的 C＋＋语言，C＋＋大量的函数库都可以进行应用，相较于其他的仿真软件，该软件已成型的部件、函数是其难以比拟的优势。

（5）ProModel

ProModel 是由美国 PROMODEL 公司开发的系统动力仿真软件。它主要以离散系统仿真为主要对象，其开发的初衷便是用于物流、生产系统，因此其应用对象较为明确，大量简化了无关的功能模块与部件，这也为其在物流、生产系统的功能模块和部件提供了空间。在生产系统仿真中，它可以直接明确回答在哪一个节点上需要多少工具、人员、工时以达到怎样的生产能力，在欧美的企业中应用率极高。在软件交互上，由于其专攻生产、物流系统的特点，日常办公软件例如：Word、Excel 等可以做到无缝连接，高效便捷地为企业生产提供服务。

（6）Witness

Witness 是英国 Lanner 集团开发的系统仿真软件，其主要针对工业和商业系统，可以建立整个工厂的动态模型。软件内功能模块和部件更是以工业和商业系统中的要素设计的，例如：传送带、包装机等。该软件不仅设计了许多工业工具部件，还将许多工业、商业工作形态包含进去，例如：倒班制、加班等。在离散系统的动态演示上该系统提供了别具一格的图形界面。

（7）Vensim

Vensim 软件是由美国 Ventana 公司开发的系统仿真软件，其主要针对社会系统和工业系统。该软件将模块功能和部件设计进行简化，进行了低特征度的概括，从而使得其部件可以在多个系统之间进行切换使用，具有很高的灵活性。其动态仿真模型建立过程中，只需要将关键量之间用箭头连接起来，再向其内部添加具体的约束关系，便可以建立其动态的仿真模型。该软件可以对观念、文件、分析进行处理，并形成具有图形接口的分析报告。该软件的一大优点是模型建立是在各类参数的方程式基础上建立起来的，其不仅更加的严谨，同时方便了在不同条件下进行模拟分析的过程。

3）系统动力学仿真主要步骤

系统动力学仿真主要包含以下 5 个步骤。

（1）明确仿真研究的目的及内容。系统涉及大量复杂元素，系统动力学仿真不能面面俱到，应当抓住仿真研究的目的及内容，提高仿真效率。

（2）仿真模型基础构建。在确定了系统仿真的研究目的及内容后，结合具体实际建立仿真概念模型，从整体上掌握模型的总体形态，提出切实可行的模型建立方案。与此同时，收集模型建立需要的数据，以保障仿真模型有数据可依。

（3）系统动力学计算模拟仿真。在概念模型的基础上，运用计算机技术，结合相应的仿真软件包，在计算机上进行模拟仿真。

（4）模型模拟校验。模拟校验不仅要校验计算机模型是否按照程序进行了正确的仿真模拟，还要根据实际案例校验仿真模拟的有效性和正确性，要校验程序设计是否合理，模型抽象是否全面。

（5）结果分析和错误记录。在系统动力学仿真正确运行的基础上，得到运行数据，并对数据进行分析、分类、整理，通过对实验数据与预期数据的拟合程度进行系统特点分析，提出系统的不足与改进措施。与此同时，要记录系统仿真过程中出现的各类错误，其不仅可以为下次模拟提供指引，也可能包含隐藏的关键信息。

3.4.3 仿真实例分析

以舟山市某岛石化基地为例，对其安全库存容量影响因素进行系统动力仿真。利用

Vensim 软件，建立起一个动态的、可定量分析的数值模拟系统[102-103]。其建立的因果关系图反映各指标相互作用机理，为流图的建立与动力仿真提供科学合理的框架体系，在此基础上仿真模型如图 3-13 所示。

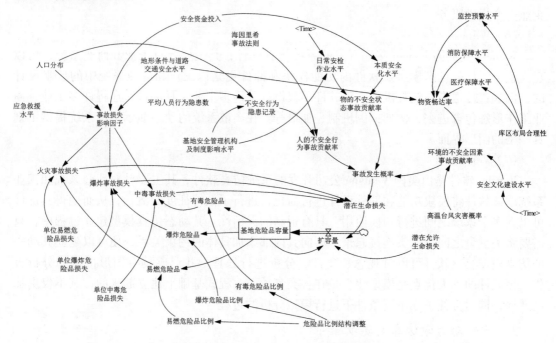

图 3-13 基地安全库存容量系统动力仿真图

基地危险品容量作为整个流图中的积累量，其反映系统动力仿真运行整体态势。基地危险品容量通过危险品比例结构调整、单位危险品事故损失、事故损失影响因子与潜在生命损失相联系，通过比较其与潜在允许生命损失的差值不断调整扩容量，直至其达到基地安全库存容量而不发生变化。该回路为负反馈调节，危险品比例结构调整、单位危险品事故损失、事故损失影响因子都会影响反馈调节的敏感度。事故发生概率主要由库区布局合理性、安全资金投入、安全管理水平影响。图 3-13 共包含危险品比例结构、潜在允许生命损失、人口分布、平均人员行为隐患数、安全资金投入、应急救援影响因子、地形条件和道路交通影响因子、基地安全管理机构及制度影响水平、库区布局合理性、高温台风灾害概率及单位危险品损失 11 个变量。对于其中因子类及水平类变量采用十分制作为取值方式（6 分为合格标准），剩余变量取企业内实际数据。该仿真系统不仅较大限度结合实际生产数据，且还充分考虑人的主观性，其仿真结果更加真实可靠。

上述分析的变量值并非可任意取值，鉴于其中平均人员行为隐患数、高温台风灾害概率、单位危险品损失、潜在允许生命损失在短时期变化不大。对于剩余 7 个变量进行适当调整，采用控制变量法来先分析各变量增加 10%（如：危险品比例结构为燃料油、汽油增加 10%）后，鉴于变量安全管理水平、应急救援能力、安全资金投入、人口分布等变量在短期内可调整变化，所以将其各自增加一定额度来组合考虑（例如：同时调整增加10%）。其各自及组合方案对应基地危险品容量变化见图 3-14。

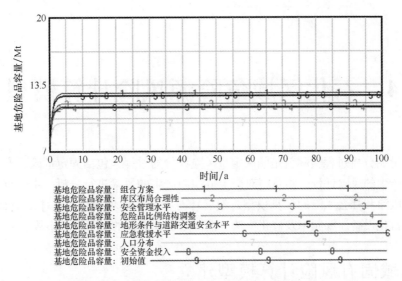

图 3 - 14　各因素对安全库存容量影响效果

　　图 3 - 14 列举了上述 7 种变化（线 2 ~ 8）和未变化初始条件（线 9）以及组合方案（线 1）条件下的安全库存容量变化，该仿真需要经过一定的仿真步数不断调节以趋于稳定，其最终稳定值为安全库存容量值。

　　由图 3 - 14 可知，基地危险品容量经过一定仿真步数趋于稳定值，该值为石化基地安全库存容量。从中表明燃料油、汽油及在班人数的增加（线 4 和线 7）可以导致石化基地安全库存容量的下降，其原因在于不同油品其伤害形式、伤害后果不同；人员增加必然带来人口密度增加、管理变更，上述两种影响因素不能单独调整，必须与其他组合方案同时实施。库区布局（线 2）主要在库区规划阶段进行，一旦方案建成后，调整难度大，故其对基地安全库存容量影响在短期内影响较小。地形条件道路交通（线 5）、应急救援能力（线 6）、安全资金投入（线 8）可调节性较大，涉及基地硬环境设施及应急资源配置，其对基地安全库存容量影响较大。安全管理（线 3）作为软影响因素，可操作性强、涉及范围广，可有效提高石化基地安全库存容量。通过线 1 可以看出，通过组合方案措施在班人口增加对安全库存容量降低效果被综合，组合方案优化可加大限度增加石化基地安全库存容量，其效果优于单因素变化对石化基地安全库存容量的提升。

3.5　本章小结

　　本章通过建立安全库存容量指标体系，对安全库存容量进行建模，建立了石化基地安全库存容量评估模型，并结合具体事例进行了 Matlab 实例模拟。该模拟通过定量的方法计算石化基地安全库存容量，可以为石化基地规划建设提供依据。并且对影响因素系统进行动力仿真。首先从 14 个指标中抽取了利于定量分析的因素，通过 Vensim 建立了系统动力仿真图，采用控制变量法，逐一、综合考量了各类影响因素对石化基地安全库存容量的影响。

4 石化区域危险源风险计算模型

安全容量的分析过程实际就是园区定量风险评价的过程，包括固定危险源产生的风险和危险品运输产生的风险评价，本章将对固定危险源产生的风险进行分析。本章首先提出石化区域的个人风险和社会风险的计算模型，然后针对各个关键步骤给出具体的分析计算方法，重点分析了石化设备泄漏频率及修正方法、泄漏后引起事故的概率以及事故后果计算方法。

4.1 区域固有风险计算模型建立

4.1.1 区域网格划分

通常情况下，化工园区是一个地理广阔、危险源种类繁多、人口密度分布不均的复杂区域，为计算方便，应对评价区域进行网格划分，即建立平面直角坐标系将评价区域划分为若干等间隔的网格单元，如图 4-1 所示。划分好网格后，根据实际情况确定每个网格单元的人数，假设每个网格单元内的人员都集中在网格单元的中心。

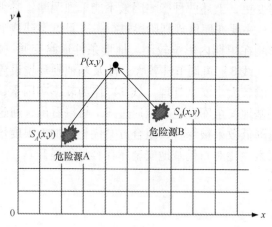

图 4-1 区域风险计算网格示意图

4.1.2 个人风险计算模型

域内任意网格中心的个人风险计算程序见图 4-2。

64

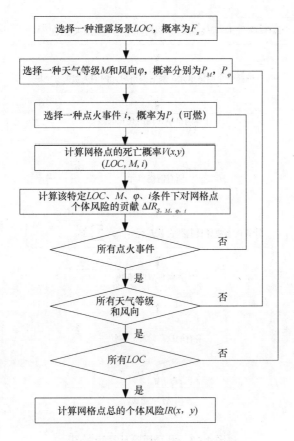

图 4 – 2 网格点的个人风险计算程序

最后得到网格点处的个人风险，如下式所示。

$$IR(x,y) = \sum_{S} \sum_{M} \sum_{\varphi} \sum_{i} F_S \times P_M \times P_\varphi \times P_i \times V_S(x,y) \qquad (4-1)$$

在得到任意网格点（x，y）的个人风险值之后，将个人风险值相等的点连接起来，便得到园区不同风险水平的个人风险等值线。在 MATLAB 软件中，利用函数 contour 可以很方便地绘制个人风险等值线。

4.1.3 社会风险计算模型

社会风险计算程序见图 4 – 3 所示。

对特定泄漏场景 LOC、天气等级 M、风向 φ 及点火事件 i，计算得到该事故导致的死亡总人数 $N_{S,M,\varphi,i}$，在计算时一般认为人员出现在室外概率为 20%，为人员工作日时间的平均值。

$$N_{S,M,\varphi,i} = \sum_{\text{所有网格单元}} V_S(x,y) \times N_{\text{cell}} \qquad (4-2)$$

某一特定事故的频率 $F_{S,M,\varphi,i}$：

$$F_{S,M,\varphi,i} = F_S \times P_M \times P_\varphi \times P_i \qquad (4-3)$$

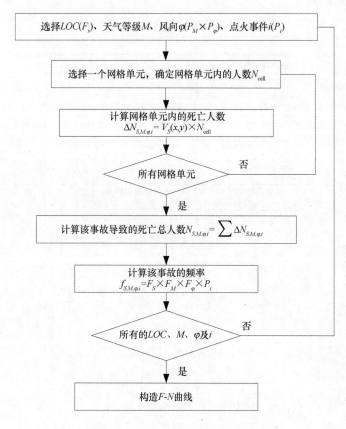

图 4 - 3 社会风险计算程序图

将死亡人数 $N_{S,M,\varphi,i} \geqslant N$ 的所有事故发生的频率 $F_{S,M,\varphi,i}$ 相加，构造 $F - N$ 曲线。

$$F_N = \sum_{S,M,\varphi,i} F_{S,M,\varphi,i} \to N_{S,M,\varphi,i} \geqslant N \qquad (4-4)$$

4.2 石化设备泄漏场景和频率分析

4.2.1 泄漏场景

工园区内存在大量石油化工设备，根据各种设备泄漏情况分析，可将易发生泄漏的设备归纳为以下 9 种类型：管线、常压储罐、压力容器、反应器、泵、压缩机、换热器、过滤器、阀门。泄漏场景一般要选择小孔泄漏、中孔泄漏、大孔泄漏和完全破裂 4 种场景进行分析，具体如表 4 - 1 所示。

表4-1 泄漏场景（mm）

泄漏场景	孔径范围	代表值
小孔泄漏	0 ~ 5	5
中孔泄漏	5 ~ 50	25
大孔泄漏	50 ~ 150	100
完全破裂	>150	1）设备（设施）完全破裂或泄漏孔径 >150 2）全部存量瞬时释放

4.2.2 设备基础泄漏频率分析

设备基础泄漏频率一般来源于统计数据。目前我国未建立自己的设备失效频率统计数据库，所以通常采用国外相同行业的数据库资料。国际上常用的历史数据库有 CCPS（美国化工过程安全中心）的 PERD 数据库（过程设备可靠性数据库）、DNV（挪威船级社）的 OREDA（海上设备可靠性数据库）、EXIDA 公司的 SERH（安全设备可靠性手册）等[104]。本研究主要参考以上数据库和一些文献资料[105]归纳出适用于石油化工设备的基础泄漏概率，如表4-2所示，并根据失效概率修正模型进行修正。

表4-2 建议的基础泄漏频率

设备类型	泄漏频率/a^{-1}				数据来源
	小孔泄漏	中孔泄漏	大孔泄漏	完全破裂	
单密封离心泵	6×10^{-2}	5×10^{-4}	1×10^{-4}	—	SYT 6714 - 2008
双密封离心泵	6×10^{-3}	5×10^{-4}	1×10^{-4}	—	SYT 6714 - 2008
往复泵	0.7	0.01	0.001	0.001	SYT 6714 - 2008
离心压缩机	—	1×10^{-3}	1×10^{-4}	—	SYT 6714 - 2008
往复式压缩机	—	6×10^{-3}	6×10^{-4}	—	SYT 6714 - 2008
过滤器	9×10^{-4}	1×10^{-4}	5×10^{-5}	1×10^{-5}	SYT 6714 - 2008
换热器壳体、侧管	4×10^{-5}	1×10^{-4}	1×10^{-5}	6×10^{-6}	SYT 6714 - 2008
25.4 mm（1 in）直径管子	5×10^{-6}	—	—	5×10^{-7}	SYT 6714 - 2008
50.8 mm（2 in）直径管子	3×10^{-6}			6×10^{-7}	SYT 6714 - 2008
101.6 mm（4 in）直径管子	9×10^{-7}	6×10^{-7}	—	7×10^{-8}	SYT 6714 - 2008
152.4 mm（6 in）直径管子	4×10^{-7}	4×10^{-7}	—	8×10^{-8}	SYT 6714 - 2008
203.2 mm（8 in）直径管子	3×10^{-7}	3×10^{-7}	8×10^{-8}	2×10^{-8}	SYT 6714 - 2008
254 mm（10 in）直径管子	2×10^{-7}	3×10^{-7}	8×10^{-8}	2×10^{-8}	SYT 6714 - 2008

设备类型	泄漏频率/a^{-1}				数据来源
	小孔泄漏	中孔泄漏	大孔泄漏	完全破裂	
304.8 mm（12 in）直径管子	1×10^{-7}	3×10^{-7}	3×10^{-8}	2×10^{-8}	SYT 6714—2008
406.4 mm（16 in）直径管子	1×10^{-7}	2×10^{-7}	2×10^{-8}	2×10^{-8}	SYT 6714—2008
>406.4 mm（16 in）直径管子	6×10^{-8}	2×10^{-7}	2×10^{-8}	1×10^{-8}	SYT 6714—2008
压力容器	4×10^{-5}	1×10^{-4}	1×10^{-5}	6×10^{-6}	SYT 6714—2008
反应器	1×10^{-4}	3×10^{-4}	3×10^{-5}	2×10^{-6}	SYT 6714—2008
常压储罐	4×10^{-5}	1×10^{-4}	1×10^{-5}	2×10^{-5}	SYT 6714—2008
内径≤150 mm 手动阀门	5.5×10^{-2}	—	7.8×10^{-8}	—	COVO Study、DNV
内径>150 mm 手动阀门	5.5×10^{-2}	—	4.2×10^{-8}	—	COVO Study、DNV
内径≥150 mm 驱动阀门	2.6×10^{-4}	—	1.9×10^{-6}	—	DNV

4.3 设备泄漏后引起事故概率分析

4.3.1 泄漏后果的事件树分析

设备泄漏后受当时情况限制可能导致不同的后果。毒气泄漏会导致中毒事故。可燃气体或液体泄漏可能发生沸腾液体扩展蒸气云爆炸（BLEVE）和（或）火球、喷射火、池火、蒸气云爆炸及闪火等火灾、爆炸场景。具体场景与物质特性、储存参数、泄漏类型、点火类型等有关，可采用事件树方法确定各种可燃物质释放后，各种事件发生的类型及概率。可燃物质释放后的事件树见图4-4至图4-8。

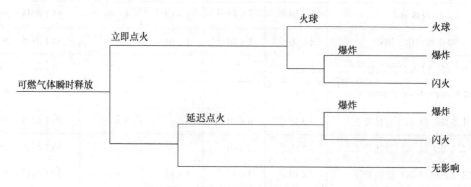

图4-4 可燃气体瞬时释放事件树

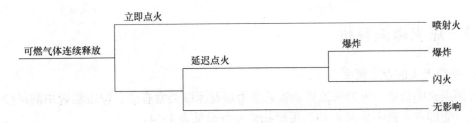

图4-5 可燃气体连续释放事件树

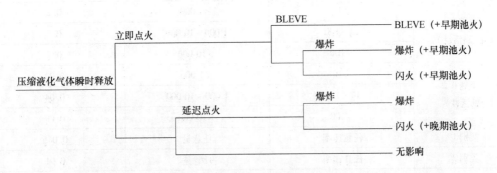

图4-6 压缩液化气体瞬时释放事件树

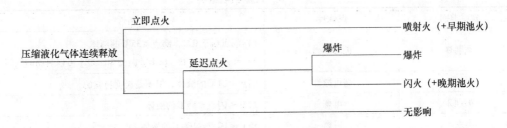

图4-7 液化气体连续释放事件树

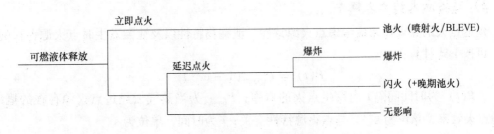

图4-8 可燃液体释放事件树

4.3.2 点火概率分析

1. 立即点火的点火概率

立即点火的概率与可燃物性质、装置类型以及泄漏类型有关。固定装置中的可燃物质泄漏后，立即点火概率见表4-3，可燃物性质分类见表4-4。

表4-3 固定装置可燃物质泄漏后立即点火概率

物质分类	连续释放速率/（kg·s⁻¹）	瞬时释放量/kg	立即点火概率
类别0 （中/高活性）	<10	<1 000	0.2
	10~100	1 000~10 000	0.5
	>100	>10 000	0.7
类别0 （低活性）	<10	<1 000	0.02
	10~100	1 000~10 000	0.04
	>100	>10 000	0.09
类别1	任意速率	任意量	0.065
类别2	任意速率	任意量	0.01
类别3，4	任意速率	任意量	0

表4-4 可燃物质分类

物质类别	燃烧性	条件
类别0	极度易燃	1）闪点小于0℃，沸点≤35℃的液体 2）暴露于空气中，在正常温度和压力下可以点燃的气体
类别1	高可燃性	闪点<21℃的液体，但不是极度易燃的
类别2	可燃	21℃≤闪点≤55℃的液体
类别3	可燃	55℃<闪点≤100℃的液体
类别4	可燃	闪点>100℃的液体

2）延迟点火的点火概率

延迟点火的点火概率应考虑点火源特性、泄漏物特性以及泄漏发生时点火源存在的概率，可按下式计算：

$$P(t) = P_{\text{present}}(1 - e^{-\omega t}) \tag{4-5}$$

式中，$P(t)$ 为时间间隔 t 内发生点火的概率；P_{present} 为当蒸气云经过点火源存在的概率；ω 为点火效率，单位为 s^{-1}，与点火源特性有关；t 为时间，单位为 s。

点火效率可以根据点火源在某一段时间内的点火概率计算得出，不同点火源在 1 min 内的点火概率计算如下。

（1）点源的点火概率如表4-5所示。

表 4 – 5 点源在 1 min 内的点火概率

点火源	1 min 内的点火概率
机动车辆	0.4
火焰	1.0
室外燃烧炉	0.9
室内燃烧炉	0.45
室外锅炉	0.45
室内锅炉	0.23

（2）面源的点火概率如表 4 – 6 所示。

表 4 – 6 面源的点火概率

点火源	1 min 内的点火概率
化工厂	0.9
炼油厂	0.9
重化工区	0.7
轻工业仓储	根据人口计算

（3）人员因素的点火概率。对于居住区域，t 秒内的点火概率可通过下式进行计算：

$$P(t) = 1 - e^{-n\omega t} \tag{4-6}$$

式中，ω 为单个人的点火效率，单位为 s^{-1}；n 为网格内存在的平均人口数量。

4.3.3 最终事故概率确定

事件树的最终分支事故的概率等于基础泄漏频率和分支上各个条件概率的乘积，可用下式表示：

$$F_u = F_S \times P_1 \times P_2 \times \cdots \tag{4-7}$$

式中，F_u 为事件树最终分支事故的概率；F_S 为修正后的设备泄漏概率；P_1、P_2 为各分支条件概率。

4.4 事故后果分析

4.4.1 事故后果分析基本程序

定量风险评价包括主要事故概率和事故后果的计算，因此事故后果分析是定量风险评估中最为重要的一个环节。后果分析主要是选用事故数学模型对不同事故的后果进行计算。事故后果的计算一般包括以下几个步骤。

（1）确定泄露流体及其属性（包括泄露相态）

泄露一旦出现，其后果不单与物质的数量、易燃性、毒性有关，而且与泄露物质的相态、压力、温度等状态有关。这些状态可有多种不同的组合，在后果分析中，常见的可能结合有4种：常压液体、加压液化气体、低温液化气体、加压气体。具体事故后果分析见事件树分析。

（2）选定一组泄露孔尺寸

选择一组不连续的孔径用于事故后果的计算，如前文所述，设备泄漏包括小孔、中孔、大孔、完全破裂等形式。

（3）计算泄露概率

泄露有瞬时泄露和持续泄露两种类型。瞬时泄露是指流体快速泄放，形成大片蒸气云或大滩液池的泄露。连续泄露是持续时间较长的，造成流体扩散并认椭圆形状向外扩散。对于灾难性容器破裂的情形，假设所装全部物体瞬间泄漏。对于连续泄漏，根据泄漏物质的相态选择对应泄漏速率计算公式。

（4）估算可能的泄漏总量

无论是气体泄露还是液体泄露，泄露量的多少都是决定泄露后果严重程度的主要原因，而泄露量又与泄露时间长短有关。在确定有效泄露时间时，应考虑如下因素：设备和相连系统中的存量、探测和隔离时间、可能采取的任何反应措施。基于表4-7探测及隔离系统等级的泄漏时间探测和隔离系统分级指南见表4-8，该表中给出的信息只在评价连续性泄漏时使用。

（5）确定燃烧/爆炸/毒性后果

分析石化园区装置设备泄露的主要事故后果类型，选择每种事故后果的计算模型，根据设定条件对事故后果进行计算，依据事故后果伤害准则，确定事故后果的影响程度。

表4-7　探测和隔离系统的分级

系统	类型	分级
探测系统	专门设计的仪器仪表，用来探测系统的运行工况变化所造成的物质损失（即压力损失或流量损失）	A
	适当定位探测器，确定物质何时会出现在承压密闭体以外	B
	外观检查、照相机，或带远距功能的探测器	C
隔离系统	直接在工艺仪表或探测器启动，而无需操作者干预的隔离或停机系统	A
	操作者在控制室或远离泄放点的其他合适位置启动的隔离或停机系统	B
	手动操作阀启动的隔离系统	C

表 4 - 8 基于探测及隔离系统等级的泄漏时间

探测系统等级	隔离系统等级	泄放时间
A	A	5 mm 孔径，20 min；25 mm 孔径，10 min；100 mm 孔径，5 min
A	B	5 mm 孔径，30 min；25 mm 孔径，20 min；100 mm 孔径，10 min
A	C	5 mm 孔径，40 min；25 mm 孔径，30 min；100 mm 孔径，20 min
B	A 或 B	5 mm 孔径，40 min；25 mm 孔径，30 min；100 mm 孔径，20 min
B	C	5 mm 孔径，60 min；25 mm 孔径，30 min；100 mm 孔径，20 min
C	A，B 或 C	5 mm 孔径，60 min；25 mm 孔径，40 min；100 mm 孔径，20 min

4.4.2 事故后果计算

设备泄漏后受当时情况限制可能导致不同的后果。毒气泄漏会导致中毒事故。可燃气体或液体泄漏可能发生沸腾液体扩展蒸气云爆炸（BLEVE）和（或）火球、喷射火、池火、蒸气云爆炸及闪火等火灾、爆炸场景。危害较大的事故类型主要是蒸气云爆炸、沸腾液体扩展为蒸气云爆炸、池火灾以及中毒事故。

后果计算主要是选用事故模型来计算事故可能的后果，目前很多事故后果模型都已十分成熟。气体扩散模型有重气模型和非重气模型，重气云扩散模型有描述重气云团扩散的"BOX"模型和描述重气云羽扩散的"SLAB"模型，非重气云扩散模型有高架连续点源高斯模型和瞬时泄漏的高斯模型[106]。蒸气云爆炸的最主要的危害是冲击波超压，计算模型主要有 TNT 当量法和 TNO 多能法[107]。沸腾液体扩展为蒸气云爆炸（BLEVE）的最主要的危害是火球产生的热辐射，计算模型有国际劳工组织提出的模型（简称 ILO 模型）、Greenberg 和 Cramer 提出的模型以及 Roberts 提出的模型，推荐采用 ILO 模型[108]。池火灾的最主要伤害形式是热辐射，对于池火灾计算模型，常用的有《安全评价》（第三版）[109]和《重大危险源分级标准》[110]中推荐的计算公式。

为了推广定量风险评价方法，国内外也开发了不少定量风险分析软件，例如挪威船级社（DNV）的 PHAST 软件、中国安全生产科学研究院的 CASST - QRA 重大危险源区域定量风险评价软件等，可用这些软件来计算事故后果。在没有专业定量风险评估软件的情况下，根据这些数学模型，使用 MATLAB 编程也可以实现事故后果的计算。

4.5 区域危险源风险计算模型泄露频率修正

由于目前设备失效频率的数据多采用西方发达国家的相关数据库，而且这些数据是整个行业的失效频率统计平均值，若直接采用无法反映某一具体设备的实际失效概率。因此，有必要结合我国企业实际情况，采用合适的方法对基础泄漏概率进行修正。

2000 年，美国石油协会发布了《API 581：Risk - Based Inspection Base Resource Document》标准，该标准采用设备修正因子和管理修正因子两大指标对设备基础泄漏概率进行修正[114]。

我国发展和改革委员会 2008 年根据 API 581 进行修改，发布了石油天然气行业标准《SY/T 6714 - 2008 基于风险检验的基础方法》。

石超等针对基于风险的检测技术（RBI）中设备修正因子的应用缺陷，结合结构可靠理论，分析均值一次二阶矩阵法在实际应用过程中的局限性，建立了基于当量正态化（JC）法的通用失效概率修正模型。但该方法指标考虑不够周全，且计算公式繁冗复杂，可操作性和可推广性不强[115]。

张悦建立了包含 27 个指标的多层评价指标体系，采用层次分析法和灰色综合评价方法，建立了化工设备失效概率修正因子的多层次灰色评价模型。但该方法在确定指标权重和评价指标等级时具有很大主观性，特别是最后根据评价分值确定修正系数时，修正系数取值规定是否科学合理难以让人信服[116]。

综合以上分析，本研究通过设备系数和管理系数两项对化工设备基础失效频率进行修正，如下式所示：

$$F_S = F_{S基础} \times F_E \times F_M \qquad (4-8)$$

式中，$F_{S基础}$、F_S 为基础泄漏概率和修正后的失效频率；F_E、F_M 为设备修正系数和管理修正系数。

考虑到设备腐蚀、失效等情况与使用寿命有很大关系，本研究 F_E 主要考虑寿命周期，假设所有设备均按国家标准规范设计制造且出厂质量合格。寿命周期系数见表 4 - 9。

表 4 - 9　寿命周期取值表

已消耗设计寿命百分比	数值
0 ~ 7	2
>7 ~ 75	1
76 ~ 100	2
>100	4

F_M 是管理修正系数，见表 4 - 10。管理系统评估参照《SY/T 6714 - 2008 基于风险检验的基础方法》中 8.4 条的规定。

表 4 - 10　管理系统评估表

序号	主题	问题数	总分值
1	领导和管理	6	70
2	工艺安全信息	10	80
3	工艺危害性分析	9	100
4	变更管理	6	80

序号	主题	问题数	总分值
5	操作规程	6	80
6	安全作业	7	85
7	培训	8	100
8	机械完整性	20	120
9	开工前安全审查	5	60
10	应急措施	6	65
11	事故调查	9	75
12	承包商	5	45
13	安全生产管理系统评估	4	40
	总计	101	1 000

管理系数的评估分值与频率修正系数关系见图 4-9，其中分值为实际分数的 10%。

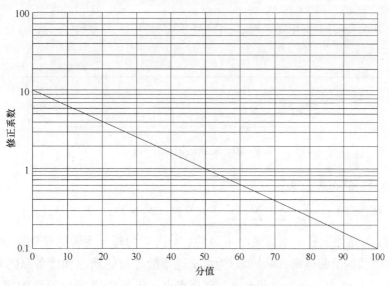

图 4-9　管理系统分数与调整系数的关系

4.6　危险品运输风险计算模型研究

安全容量的分析包括对固有风险的分析和对危险品运输风险的分析，第 3 章对理论区域固定危险源产生的风险进行了分析，给出了具体的计算模型，本章将对危险品运输产生的风险进行分析。园区危险品运输方式主要有道路车辆运输、水路船舶运输和铁路运输，本章主要分析道路车辆运输和水路船舶运输两种运输方式的风险。与第 3 章一样，本章首先给出运输风险的计算模型，然后对关键步骤给出具体计算方法。

4.6.1 道路运输风险计算模型

1) 道路运输路线分段

由于运输线路一般很长，经过的线路沿线道路情况、人员密度等因素都会不断发生变化。这些因素的不同都会导致事故发生概率和事故后果的不同。因此有必要对运输路线进行分段处理。所分路段内的道路情况、人员密度等因素应尽量一致。

考虑到运输危险品的车辆都会经过入园必经道路，入园道路是整个运输路线中风险汇集的路段，因此本研究选择入园必经道路作为重点分析的路段。如果入园必经路段的风险满足标准要求，则可以认为其他路段的风险也满足要求。

2) 个人风险计算模型

个人风险计算以路段为单位进行。假设事故造成的影响范围是一个圆形区域，随着危险品运输车辆的移动，事故影响范围也随着移动，最后整个运输风险形成如图 4 - 10 所示的区域。

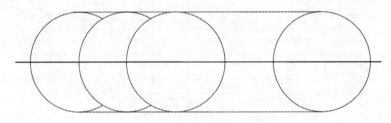

图 4 - 10　道路运输风险示意图

个人风险的计算可表示为：

$$IR(x,y) = \sum_S \sum_i \sum_M \sum_\varphi T \times f(l_j) \times P_i \times P_M \times P_\varphi \times V_S(x,y) \tag{4-9}$$

式中，$IR(x.y)$ 为道路上任一点处的个人风险，a^{-1}；T 为每年运输的往返次数；$f(l_j)$ 为在路段 j 上危险品的泄漏概率，a^{-1}，分为由交通事故导致的泄漏和设备原因导致的泄漏；P_i 为点火源的点火概率，分为立即点火和延迟点火；$P_M \times P_\varphi$ 为天气等级 M 和风向 φ 同时出现的联合概率；$V_S(x,y)$ 为由于事故 s 导致的某一点处个体死亡概率。

3) 社会风险分析模型

社会风险是指能够引起大于等于 N 人死亡的事故累积频率（F）。通常用社会风险曲线（$F-N$ 曲线）表示。危险品运输社会风险计算过程如下：

（1）计算第 s 个事故发生的概率：

$$f_s = T \times f(l_j) \times P_i \times P_M \times P_\varphi \tag{4-10}$$

式中，f_s 为第 s 个事故发生的概率；其他字母代表意义同上。

（2）计算第 s 个事故导致的死亡人数：

$$N_s = S_s \times \rho_s$$

　　路内影响区人员主要是驾驶员及乘车人员，路外影响人员主要是沿线居民和流动人口，一般认为人员出现在室外的概率为20%，室内的概率为80%。在实际中，人口密度还要考虑时变因素，如白天路上人口要明显高于夜晚，而人口中心比如学校、医院、商场等在夜间基本人口为零。这表明事故影响区域内的暴露人口总数与时间是成函数关系的。从这点来看，除了合理选择运输路线外，正确规划运输时间对于减少道路危险货物运输事故风险也是至关重要的。

　　（3）将死亡人数 $N_s \geqslant N$ 的所有事故发生的频率 F 相加，构造 $F - N$ 曲线。

　　道路危险品运输事故模型及伤害准则参考第3章。

　　4）运输设备泄漏概率分析

　　道路危险货物运输泄漏事故可分为两方面：一是由交通事故引发的危险货物运输泄露；二是在没有引发交通事故的前提下，由于设备原因而导致的危险品泄露。下面就交通事故以及非交通事故引发的道路危险货物泄漏进行分析。

　　（1）交通事故引发的危险品泄漏概率

　　危险品道路运输事故率一般在 $10^{-8} \sim 10^{-6}$ 之间，具体由事发地的情况来决定。目前，我国关于道路危险货物运输事故的数据库还没有建立，因此相关数据信息比较缺乏，同时由于危险货物运输种类繁多，道路运输事故统计比较复杂，针对某类危险货物和具体运输线路特征的历史事故资料甚少，研究者多用道路所有运输车辆的事故率数据信息。国外主要采用事故统计的方法，在大量历史事故统计的基础上得出基于公路状况的交通事故率。关于由交通事故引发的危险货物运输泄漏事故频率可以参考美国三大州的重型车辆运输事故率和危险货物运输泄漏事故率，并可作为默认参考值，见表4-11。

表4-11　美国三大州重型车辆运输事故率和危险货物运输泄漏事故率[117]

道路类型		重型车辆交通事故率 / （事故起·（km·辆）$^{-1}$）	泄漏条件概率
乡村	双车道	1.36×10^{-6}	0.086
	多车道（未划分）	2.79×10^{-6}	0.081
	多车道（已划分）	1.34×10^{-6}	0.082
	高速公路	0.40×10^{-6}	0.090
城市	双车道	5.38×10^{-6}	0.690
	多车道（未划分）	8.65×10^{-6}	0.055
	多车道（已划分）	7.75×10^{-6}	0.062
	单车道	6.03×10^{-6}	0.056
	高速公路	1.35×10^{-6}	0.062

　　由交通事故导致大孔泄漏的概率占所有泄漏情况的35%，因此道路 L 第 j 路段 l_j 上任意一点由交通事故引发大孔泄漏的概率为：

$$f(l_j) = 0.35 \times p_{aci}(l_j) \times N \times p_t \qquad (4-11)$$

式中，$f(l_j)$ 为 l_j 路段危险品运输交通事故导致大孔泄露概率，a^{-1}；$p_{aci}(l_j)$ 为 l_j 路段交通事故概率，a^{-1}，见表4-1；N 为 l_j 路段年平均车流量；p_t 为交通事故导致危险品泄露条件概率。

（2）非交通事故引发的危险品运输泄漏事故概率

非交通事故引发的危险品运输泄漏事故概率是指在没有发生交通事故的前提下，由于罐体或安全附件泄漏、阀门松动或包装破裂等原因而导致的危险货物泄漏事故的概率。公路油罐车和罐式货车非交通事故泄漏事故率见表 4 – 12。

表 4 – 12　公路油罐车和罐式货车非交通事故泄漏事故率

运输车辆储罐类型	瞬时泄漏率/a^{-1}	阀门孔口连续泄漏率/a^{-1}
有压储罐	5×10^{-7}	5×10^{-7}
常压储罐	1×10^{-5}	5×10^{-7}

5）点火概率分析

（1）立即点火的点火概率

立即点火的概率与可燃物性质、装置类型以及泄漏类型有关。运输设备装置可燃物质泄漏后，立即点火概率见表 4 – 13，物质分类见第 3 章。

表 4 – 13　公路槽车可燃物质泄漏后立即点火概率

物质类别	泄漏场景	立即点火概率
类别 0	连续释放	0.1
	瞬时释放	0.4
	连续释放	0.5 ~ 0.7
类别 1	连续释放、瞬时释放	0.065
类别 2	连续释放、瞬时释放	0.01
类别 3,4	连续释放、瞬时释放	0

（2）延迟点火的点火概率

运输线路上延迟点火概率可由下式进行计算

$$P(t) = \begin{cases} d(1 - e^{-\omega t}) & d \leq 1 \\ 1 - e^{-d\omega t} & d \geq 1 \end{cases} \tag{4 – 12}$$

式中，$P(t)$ 为时间间隔 t 内的点火概率；d 为平均交通密度；ω 为单量汽车的点火效率，单位为 s^{-1}；t 为时间，单位为 s。

若 $d \leq 1$，则为云团经过时点火源存在的概率；若 $d \geq 1$ 时，则表示云团经过时点火源的平均数量。

点火效率可根据点火源在某一段时间内的点火概率计算得出，机动车辆在 1 min 内的点火概率为 0.4。

4.6.2　水路运输风险计算模型

危险品水路运输时，来自各地的危险品原料都必须汇集到港口码头，而且港口码头危险品装卸过程容易导致事故的发生，码头区域人员密度较水路运输航线人员密度也要大得多，安全容量风险分析主要考虑的是对人员影响，环境风险不在考虑范围内。综合以上分析，港口码头是水路运输风险汇集地，在进行水路运输风险分析时可以选择港口码头区域作为重点分析区域。如果港口码头处的安全风险符合安全要求时，其他航段的安全风险也是符合要求的。

1）码头区域个人风险计算模型

考虑到港口码头运输的动态性，港口码头运输风险的计算以单次输入或输出风险为基础，逐次将风险累加。可以将一个码头上单次靠泊的油轮视为一个固定危险源，则码头单次输入或输出的风险计算可参照第3章固有风险的计算过程，单个码头在码头区域某一点处一年的个人风险可用式（4-13）表示。

$$IR_k(x,y) = \sum_S \sum_M \sum_\varphi \sum_i T_k \times F_S \times P_M \times P_\varphi \times P_i \times V_S(x,y) \qquad (4-13)$$

式中，$IR_k(x,y)$ 为第 k 个码头在码头区域某一点处一年的个人风险；T_k 为第 k 个码头一年总的装卸次数；其他符号意义与上文相同。

则所有码头在某一点处产生的个人风险为：

$$IR(x,y) = \sum_{k=1}^{K} IR_k(x,y) \qquad (4-14)$$

式中，$IR(x,y)$ 为所有码头在任一点处产生的个人风险（主要为相邻两个码头的风险叠加）；K 为码头总数。

2）码头区域社会风险计算模型

码头区域社会风险计算过程如下

（1）计算 LOC、M、φ 及 i 条件下事故的频率 $F'_{S,M,\varphi,i}$；

$$F'_{S,M,\varphi,i} = T_k \times F_S \times P_M \times P_\varphi \times P_i \qquad (4-15)$$

式中，$F'_{S,M,\varphi,i}$ 为第 s 个事故发生的概率；其他字母代表意义同上。

（2）计算第 s 个事故导致的死亡人数

在计算完区域固有风险和运输风险之后，应将固定源的风险和运输风险综合考虑，将死亡人数 $N_s \geq N$ 的所有事故发生的频率 F 相加，构造社会风险 $F-N$ 曲线。

3）船舶危险品泄漏概率

在受控区域中船舶的泄漏包括装卸过程和外部冲击。船舶的泄漏频率见表4-14。

表4-14 船舶的泄漏频率

船舶	装卸臂，满孔泄漏	装卸臂，泄漏	外部冲击，大量溅洒	外部冲击，少量溅洒
单壁液体罐	6×10^{-5}	6×10^{-4}	$0.1 \times f_0$	$0.2 \times f_0$
双壁液体罐	6×10^{-5}	6×10^{-4}	$0.006 \times f_0$	$0.0015 \times f_0$
气体罐	6×10^{-5}	6×10^{-4}	$0.025 \times f_0$	$0.00012 \times f_0$

表4-14中事故基数 f_0 等于 $6.7 \times 10^{-11} \times T \times t \times N$，其中 T 为航线上或进入港口中每年的总船数，t 为平均每只船的装卸时间（h），N 为码头每年的运输船数。如果船舶泊于港口内，外部冲击的泄漏场景就不必考虑；但是如果泊于港口内的船舶旁边尚有可能活动的其他船只，碰撞泄漏场景就必须予以考虑。如果装卸臂由多根管组成，装卸臂的完全破

裂相当于所有管道同时完全破裂。

4）点火概率分析

（1）立即点火的点火概率

立即点火的概率与可燃物性质、装置类型以及泄漏类型有关。运输船只可燃物质泄漏后，立即点火概率见表4-15，物质分类见第3章。

表4-15 运输船可燃物质泄漏后立即点火概率

物质类别	泄漏场景	立即点火概率
类别0	连续释放	0.5~0.7
类别1	连续释放、瞬时释放	0.065
类别2	连续释放、瞬时释放	0.01
类别3,4	连续释放、瞬时释放	0

（2）延迟点火的点火概率

延迟点火的点火概率可按下式计算：

$$P(t) = P_{\text{present}}(1 - e^{-\omega t}) \tag{4-16}$$

式中，$P(t)$ 为时间间隔 t 内的点火概率；ω 为单量汽车的点火效率，单位为 s^{-1}；t 为时间，单位为 s。

点火效率可根据点火源在某一段时间内的点火概率计算得出，不同点火源在 1 min 内的点火概率计算如表4-16。

表4-16 点火源在1 min内的点火概率

点火源	1 min内的点火概率
船	0.5
危化品船	0.3
捕鱼船	0.2

4.7 应用实例

前面章节提出安全容量是园区最大可接受风险程度，并建立了固定危险风险的计算模型和危险品运输风险的计算模型。本章以舟山某临港石油储运基地作为实例，运用所建立的计算模型对该基地风险进行计算，然后风险标准比较，分析基地安全容量的合理性。由于该基地全部油品都通过码头输入输出，所以没有道路运输风险。

4.7.1 评估对象基本情况

1）基地概况

该石油储运基地位于浙江舟山一四面环海的岛上，该岛通过一座大桥与其他岛屿相连，全岛面积约 5.4 km²。包括 3 家企业：国家石油储备基地、A 石油转运公司以及 B 石油储运公司，主要开展原油、燃料油、柴油、汽油、航空煤油等油品和石化产品的仓储和中转业务。3 家企业总占地面积 2.8 km²，企业职工总人数为 309 人，当班人员约 120 人。3 家企业库区总罐容 813 × 10⁴ m³，拥有 1000 ~ 30 万吨级油码头 9 座，能接卸和装运 500 ~ 37.5 万吨的油轮，年吞吐能力 4 762 万吨（图 4 - 11）。

图 4 - 11　石油储备基地卫星图

国家石油储备基地总占地面积 1.41 km²，项目分三期建设，于 2007 年 5 月首次进油，2008 年 9 月全部建成投运。基地储罐容量为原油储存库 500 × 10⁴ m³，即 50 座 10 × 10⁴ m³ 原油储罐，全部选用双盘式外浮顶地上钢制储罐。现有员工 37 人，主要承担基地建设以及国家战略储备石油的储存、计量、保管等任务，日常事务由中化集团公司进行管理。

A 石油转运公司总占地面积 0.934 3 km²，职工人数 190 人。库区现有各类储罐 55 座（其中 39 座为保温型油罐），总罐容 256 × 10⁴ m³，目前储量原油占 67%、燃料油占 25%、其他（包括汽油、柴油、航空煤油）占 8%；拥有 3 000 ~ 30 万吨级油码头 5 座，能接卸和装运 500 ~ 37.5 万吨的油轮，年吞吐能力超过 4 100 万吨。

B 石油储运公司北紧邻国家储备油库，总占地面积 0.455 7 km²，共有员工 82 人。公司油库等级为一级，现一期项目已建成并投入运营，库区拥有 21 座储罐，总罐容 57 × 10⁴ m³。码头设计年通过能力 662 万吨，包含 4 座码头：10 万吨级（水工结构 15 万吨级）、1 万吨级、3 000 吨级、1 000 吨级码头各一座。二期工程将建 100 × 10⁴ m³ 商业油库及大型油码头，三期工程正在规划中。

3 个公司北面均为山坡，南面为海域。岛上原有 3 个村，随着石油产业的兴起，根据规划，岛上的居民将全部搬迁，目前其中两个村已经迁离，只剩小岛东北角靠近海边的渔业村。该村还有三四百户居民，年轻人大部分外出打工，留下的多是老人，目前常住人口约 650 人。

表 4-17　石油基地总体情况一览表

企业名称	罐容/10^4 m³	码头吞吐量/10^4 t	职工人数/人	占地面积/km²
A 石油转运公司	256	4 100	178	0.934 3
国家石油储备基地	500	—	37	1.41
B 石油储运公司	57	662	82	0.455 7

2）储罐区和码头情况

储罐区共有储罐 130 座，总罐容 813×10^4 m³，主要储存原油、燃料油、柴/汽油、燃料油等油品。具体情况见表 4-18。

表 4-18　储罐区情况一览表

企业	罐组	储罐编号	油品	每座罐容/m³	储罐数量/座	罐型	防火堤面积/m²	维温/℃
国家石油储备基地	1~7	均为 6×10^4 m³	原油	100 000	42	双盘外浮顶罐	70 800	保温
	8	5×10^4 m³		100 000	5		65 060	保温
	9	3×10^4 m³		100 000	3		36 400	保温
A 石油转运公司	1	C-01、C-02	原油	55 000	2	外浮顶罐	26 640	保温
		C-23、C-24		30 000	2			保温
	2	C-05~C-08	原油	50 000	4	外浮顶罐	29 570	保温
	3	C-09~C-12	原油	50 000	4	外浮顶罐	27 700	保温
	4	C-13、C-14	原油	55 000	2	外浮顶罐	18 200	保温
	5	C-15~C-18	原油	50 000	4	外浮顶罐	29 060	保温
	6	C-19~C-22	原油	50 000	4	外浮顶罐	28 000	保温
	7	C-03~C-04、C-25	原油	100 000	3	外浮顶罐	49 260	保温
	8	D-01、D-02	柴油	30 000	2	外浮顶罐	12 260	常温
	9	J-01、J-02	航煤	20 000	2	外浮顶罐	17 460	常温
		F-01、F-02	燃料油	20 000	2	外浮顶罐		常温
	10	DF-03~D-05	柴油	5 000	3	外浮顶罐	9 450	常温
		F-03	燃料油	5 000	1	外浮顶罐		常温
	11	F-04、F-05	燃料油	5 000	2	外浮顶罐	4 920	常温
		D-06、D-07	柴油	5 000	2	外浮顶罐		常温
	12	D-08、D-09	柴油	10 000	2	外浮顶罐	4 770	常温
		F-06、F-07	燃料油	10 000	2	外浮顶罐		保温
	13	C-27~C-31	燃料油	60 000	6	外浮顶罐	52 380	保温
	14	C-32~C-38	燃料油	100 000	6	单盘浮顶罐	70 380	保温

企业	罐组	储罐编号	油品	每座罐容 /m³	储罐数量 /座	罐型	防火堤面积 /m²	维温 /℃
B石油储运公司	1	1~8#	汽油、柴油	20 000	8	内浮顶罐	31 600	常温
		9#		10 000	1			
		10~11#		5 000	2			
	2	19~20#、38~42#	燃料油	50 000	7	外浮顶罐	54 600	45
		18#		30 000	1			
	3	16~17#	燃料油	5 000	2	拱顶罐	3 400	45

基地共有油码头 9 座，年吞吐能力 $4\,762 \times 10^4$ t。具体情况见表 4 - 19。

表 4 - 19　码头情况一览表

公司	码头	泊位长度 /m	前沿水深 /m	配套输油臂	设计船型尺寸/m（长 × 宽 × 满载吃水）
A石油转运公司	5 万吨级（兼靠 32 万吨级）	555.7	-21	DN400 共 4 台 DN300 共 2 台	333 × 60 × 19.9
	8 万吨级（兼靠 10 万吨级）	340	-15.5	DN300 共 6 台	243 × 42 × 14.3
	1 万吨级	230	-9.5	DN200 共 4 台	141 × 20.4 × 8.3
	3 000 吨级（兼靠 5 000 吨级）	150	-6.8	DN200 共 3 台	97 × 15.2 × 5.9
	30 万吨级	480	-23.8	DN400 共 4 台	334 × 60 × 22.5
B石油储运公司	10 万吨级	340	-15.5	DN350 共 2 台 DN300 共 2 台	246 × 430 × 14.8
	1 万吨级		-9.5	DN200 共 2 台	141 × 20.4 × 8.3
	3 000 吨级	433	-7.5	DN200 共 2 台	98 × 14.6 × 6.2
	1 000 吨级		-5.0	DN1500 共 2 台	70 × 13.5 × 4.4

2012 年港口进出和靠离泊油轮 2 143 艘次，总吞吐量 $2\,430 \times 10^4$ t。各码头输入输出情况见表 4 - 20。

表 4 - 20　码头输入输出情况衡算表

序号	码头级别	平均载货量 /t	进出总艘次	输入量/ 10^4 t	输出量/ 10^4 t	输出输入总计/ 10^4 t
1	3 000 吨级	2 600	280	36.46	36.46	72.92
2	1 万吨级	8 000	236	95.02	94	189.02
3	8 万吨级	65 000	51	197.93	143.41	341.34
4	25 万吨级	200 000	30	330.45	270.19	600.64
5	30 万吨级	240 000	28	384.61	290.03	674.64

续表

序号	码头级别	平均载货量/t	进出总艘次	输入量/10^4 t	输出量/10^4 t	输入输出量总计/10^4 t
6	10 万吨级	80 000	40	170.14	150.40	320.54
7	1 000 吨级	800	311	12.45	12.45	24.9
8	3 000 吨级	2 600	266	34.61	34.61	69.22
9	1 万吨级	8 000	183	62.54	84.23	146.77

3）储运工艺

（1）装卸工艺

该石油输运基地油品的输入输出均通过码头和船舶。在装卸过程中均采用先进的输油臂进行，输油臂后方紧跟具有自动控制能力的切断阀，可有效减少装卸过程中的油气挥发和事故性溢油的风险。

储运工艺流程可用图4-12表示。油品由远洋油轮海运至基地油码头，利用船上的卸油泵，经码头上的输油臂和输油管线，送至储罐区。油品出库通过（泵房）输油泵将油品送至相应泊位装船出海。

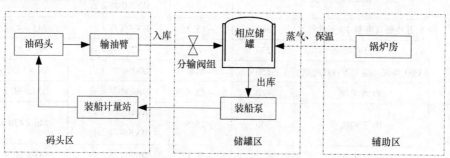

图4-12 石油储备基地储运工艺

（2）油品储存

基地储罐大多数采用外浮顶罐，原油和燃料油罐体设置外保温，罐内设蒸气加热器。保温罐采用蒸气加热，由锅炉房的燃油锅炉提供热源。每台罐设置抽底泵。一部分油罐之间通过管线联通，可通过装船泵相互倒罐。

为避免油管内底部沉淀物堆积，延长储罐使用周期，缩短每次储罐维修、清洗所用时间，同时满足用户需求，解决不同油质进行均匀混合，保持油品质量长期稳定，每座油罐设1~2台进口搅拌器，按需定时开动。

4）生产、消防安全管理

基地生产系统采用先进的自动控制系统，实现远程控制生产工艺系统阀门的开关、输油泵的启停等功能，同时储罐液位、管线压力、温度等实时生产数据实现监控，各种设备报警信息实现实时传递。系统具有自动判别隔离阀，可实现高液位连锁等安全措施，提高生产作业的安全性、可靠性。

基地消防站消防设施齐全，主要由消防水池、消防泵、消防炮和大罐上设置的泡沫消火器、消防喷淋装置、码头消防炮等组成。站内有 28 名专职消防队员，并配备了 4 辆重型载炮泡沫消防车和 1 艘消拖两用船。同时库区建立了一整套安全监控网络，包括固定式可燃气体报警系统、门禁系统、油管感温光栅光纤报警系统、生产管线紧急切断装置、库区周界报警系统、视频监控系统，保证了安全管理的规范化、制度化和科学化。

5）气象条件

舟山地区风频统计结果表明，全年的主导风向为 N，风向频率为 13.25%；次主导风向为 SE 和 NNW，其频率分别为 10.85% 和 10.69%。从各季统计结果分析，春、夏两季盛行 SE 风，其频率分别为 17.5% 和 23.39%；秋、冬两季盛行 N 风，其频率分别为 25% 和 16.29%，且较集中在 NE—NW 的方位。

（1）平均风速

舟山各季和全年的主导风向及相邻风向的平均风速均较大，一般在 3.0 m/s 以上；而 SW 风向的风速相对较小，在 2.0 m/s 以下。全年的平均风速为 2.88 m/s。

（2）大气稳定度

舟山地区以中性 D 类稳定度为最多，全年为 69.87%；不稳定 A、B 类层结全年为 9.95%；稳定 E、F 类层结全年为 20.18%。各类稳定度下以 A 类稳定度风速最大，平均为 3.76 m/s，其次为 D 类稳定度，平均风速为 3.57 m/s。

（3）气温

舟山地区年平均气温 16.6℃，年最高气温 38.7℃，年最低气温 -6.6℃。

（4）雷暴

舟山平均雷暴日 28.4 d。

4.7.2　基地安全风险辨识

1）储罐区风险辨识

（1）物料风险辨识

基地储存和运输的油品主要物性参数见表 4-21。

表 4-21　油品的主要物性参数

产品名称	相对密度	闪点/℃	自燃点/℃	爆炸极限/%	火灾危险性
原油	0.871	<22	—	1.1~6.4	甲类
燃料油	0.962	>220	230~240	1.1~6.4	丙 A 类
柴油	0.845	>65	350~380	0.7~5.0	丙 A 类
汽油	0.744	<-18	510~530	1.4~7.6	甲类
航空煤油	>0.84	>40	278	2~3	乙 A 类

根据《危险化学品名录》（2002 年版），对库区危险化学品进行辨识，属于危险化学品的物质有原油、汽油和航空煤油，其中原油和汽油属于国家安全监管总局公布的首批重点监管的危险化学品。辨识结果见表 4-22。

表4-22 危险化学品辨识结果

物质名称	主要危险因素	危险化学品类别	危险货物编号	UN号
原油	易燃易爆、易带静电、沸溢和喷溢性、流动性、腐蚀性、毒性	第3.2类 中闪电易燃液体	32003	1267 1255
汽油	易燃易爆、易挥发、易带静电、流动性	第3.1类 低闪电易燃液体	31001	1203 1257
航空煤油	易燃易爆、易挥发、易带静电、流动性	第3.3类 高闪电易燃液体	33501	1223
柴油	易燃易爆、易带静电、流动性	—	—	—
燃料油	易燃易爆、高温下易流动、毒性	—	—	—

根据《危险化学品重大危险源辨识》（GB 18218-2009），汽油临界量为200 t，实际储量10 000 m^3，折合7 440 t，构成了重大危险源。原油闪点<22℃，为高度易燃液体，临界量1 000 t，库区原油储罐均为30 000~100 000 m^3，折合26 130~87 100 t，所以每个原油储罐都是一个重大危险源。航空煤油闪点在23~61℃范围，属于易燃液体，临界量为5 000 t，库区航煤储量40 000 m^3，折合3 360 t，构成了重大危险源。

（2）设备风险辨识

根据对油品危险因素的分析，库区最主要的危险有害因素是火灾、爆炸危险，其中最有可能发生的是池火灾事故。库区可能发生油品泄漏的设备设施主要包括：储罐、管道以及泵等。这些设备的风险辨识情况见表4-23。

表4-23 库区主要设备风险辨识结果

序号	设备	主要危险因素
1	储罐	（1）油罐基础严重下沉，尤其是不均匀下沉，将直接危害罐体稳定，底板和罐体的撕裂会造成大量油品泄漏，带来重大火灾危害 （2）油罐是储运系统的关键设备，也是事故多发部位，如罐体变形过大、腐蚀过薄甚至穿孔、焊缝开裂、浮盘倾斜、密封损坏等都是安全生产隐患 （3）油罐附件失效，如高、低液位报警器失灵，污水阀、管冻坏，浮顶枢轴、排水系统失灵，浮项与罐壁之间密封不严，都会给原油的安全储存带来严重威胁，甚至着火爆炸 （4）油罐防腐层局部受到破坏，会加剧该部位的腐蚀，导致穿孔跑油或裂隙跑油；保温层破坏失去保温作用会导致油罐低温时失温收缩，产生冷脆；保温层局部破坏处，易于进水，会加速保温材料的粉化和老化及罐体腐蚀 （5）接地装置，如发生断裂、脱落，影响雷电通路，或接地电阻增大，影响雷电流散，则在雷雨季节，油罐有可能遭受雷击，引起着火爆炸 （6）由于传感器、安全监测设备，特别是自动监护设施的有关执行元件和设备本身与安装方面的原因，精度不符合要求，防爆等级不够，动作失灵，不能起到可靠的监护作用，而导致事故发生，例如高液位不报警而冒顶跑油
2	管道	设计错误、材料缺陷、外力、应力作用等导致管线破损，油品泄漏，遇火源导致火灾爆炸，油气浓度过高造成中毒等现象
3	泵	（1）泵长期在压力和一定温度下工作，密封件易磨损漏油；泵体、管道容易出现裂纹，导致油品外泄，引发火灾爆炸 （2）泵管线长期在油品的腐蚀下穿孔，连接件失效

（3）库区点火源辨识

库区可能存在的点火源辨识情况如表4-24所示。

表4-24　库区可能存在的点火源分析表

序号	点火源	产生原因分析
1	焊火	罐区检修、改造时，电气焊是修补渗漏、开孔、工艺设备安装等作业的常用方法，而焊接火焰和火星又是着火爆炸事故发生的导火索
2	机动车尾气火花	多是由于罐区规章制度不健全，安全管理制度不严所致
3	静电起火	静电消除装置不能满足工艺要求或失灵，发生静电放电引燃油蒸气
4	雷击起火	油罐区存在的油气混合物遇到雷击起火，即使油罐接地，亦会造成火灾。浮顶油罐雷击起火往往是浮顶与罐壁的电器连接不良或罐体密封性差所致
5	其他点火源	在油气大量聚集的地方，铁器相互撞击，钉子鞋与路面摩擦产生的火星亦能引发火灾

2）码头风险辨识

码头区可能发生的事故类型主要也是火灾，火灾发生的两个必要条件首先是油品的泄露，然后是存在点火源。

（1）导致油品泄漏的原因分析

码头区导致油品泄漏的主要原因如表4-25所示。

表4-25　码头区导致油品泄漏的主要原因分析表

序号	原因类别	具体原因分析
1	设备缺陷或故障	（1）输油臂、输油管道、软管、阀门等设备选型不当、材质低劣或产品质量不符合设计要求 （2）法兰密封不良，阀门损坏而出现内漏，输油臂接头变形、渗漏等 （3）输油管道系统因腐蚀、磨损而造成管壁减薄穿孔 （4）管道因疲劳而导致裂缝增长 （5）船舶状况较差，不符合装载、运输方面的安全要求 （6）码头装卸工艺控制系统发生故障，导致误动作或控制失灵
2	人的不安全行为	（1）作业人员（包括输油臂操作工及船员等）违章作业或麻痹大意，造成管道超压破损，甚至直接从管道或软管溢出 （2）船、码头及库区三方之间通信联络及交流有误或衔接不当，导致溢出 （3）企业安全管理不善，如无证上岗等
3	其他原因	（1）船舶在靠、离码头过程中，因操作不当，或因水文气象条件不良等原因，造成船舶与码头相撞，进而导致船舶或码头面管线破损及泄漏事故 （2）在码头前沿水域，由于操作失误，船舶与其他船舶（如工作船、拖轮、杂货船或渔船等）发生碰撞，造成泄漏，甚至造成火灾爆炸事故 （3）码头地基不均匀下沉，引起管道断裂，造成泄漏事故 （4）台风、地震、海啸、风暴潮等自然灾害对输油臂、输油管道及船舶的破坏 （5）人为破坏等

（2）点火源分析

码头区可能存在的点火源辨识情况如表 4 - 26 所示。

表 4 - 26 码头区可能存在的点火源分析表

序号	点火源	产生原因分析
1	焊火	焊接、切割动火作业是油品码头及船舶设备设施安装、检修过程中常见的一种作业。若违章动火，或防护措施不力，易引发火灾爆炸事故。当在卸空的船舱内进行动火作业时，由于内部可能存在可燃物或爆炸性混合气体，火灾、爆炸的危险性尤为突出
2	静电起火	码头工作平台输油管道与输油臂结合处、船舶货舱是静电危害的主要场所。静电消除装置不能满足工艺要求或失灵，发生静电放电引燃油蒸气
3	电火花和电弧	船上、码头面均设置有电气设备设施，如配电箱、照明灯、电缆等。当电气设备设施存在质量缺陷（如不防爆、防爆等级不够、未采取接零和漏电保护措施等），或发生故障（如短路、超负荷等），或使用者操作不当时，均有可能产生电火花或电弧，或者高热，其强度足以点燃可燃蒸气
4	雷击起火	雷击产生的电弧是一种很强的点火源。码头设备设施、船舶的防雷措施不落实，或因管理疏忽导致防雷效果降低，则可能在雷暴天因雷击引发火灾爆炸事故
5	其他点火源	金属工具、法兰盘、鞋钉等，若与码头面、船甲板发生摩擦或撞击，有可能产生火花

4.7.3 基地区域风险计算

1）基地区域个人风险计算

考虑到该石油储运基地码头区距离罐区最近距离只有 150 m，码头区和储罐区的个人风险可能会产生叠加，本研究对该石油储运基地储罐区和码头区进行综合分析计算。具体计算过程如下：

（1）区域网格划分

由于该石油储运基地总体平面布置 CAD 图无法获得，本研究在百度卫星地图上截取了一个 730 mm × 560 mm 的区域地图，该区域包括了石油储运基地所在的整个小岛。将截取的区域地图导入 CAD 软件，以地图左下角为原点建立平面直角坐标系，通过比对 CAD 图的尺寸与百度地图上实际尺寸，确定其比例，然后利用 CAD 软件的缩放功能按照这个比例将 CAD 图缩放，使得 CAD 的尺寸与实际尺寸为 1∶1 000 的比例关系，即 CAD 图上的 1 mm 对应实际的 1 m，这样就可以根据 CAD 图很方便的确定实物的坐标。此时 CAD 图的尺寸为 4 700 mm × 3 600 mm，即实际地图尺寸为 4 700 m × 3 600 m。考虑当地人口密度和事故可能的影响范围，将网格步长设为 200 m。

（2）泄漏场景和频率分析

储罐区泄漏场景选取储罐泄漏和管线泄漏，管线选取最大管径 900 mm 的管线。泄漏孔径分别取 25 mm、100 mm 和完全破裂。

（3）泄漏概率分析

储罐和 900 mm 管径的泄漏频率见表 4 – 27。

表 4 – 27　储罐和 900 mm 管径泄漏频率

设备类型	泄漏频率/a^{-1}				数据来源
	小孔泄漏	中孔泄漏	大孔泄漏	完全破裂	
>406.4 mm（16 in）直径管子	6×10^{-8}	2×10^{-7}	2×10^{-8}	1×10^{-8}	SYT 6714 – 2008
常压储罐	4×10^{-5}	1×10^{-4}	1×10^{-5}	2×10^{-5}	SYT 6714 – 2008

（4）泄漏概率修正

经过对该石化基地实地调研分析，国储的设备修正系数取 1，管理修正系数取 0.7；A 石油转运公司设备修正系数取 1，管理修正系数取 0.8；B 石油储运公司设备修正系数取 1，管理修正系数取 1。

（5）泄漏后事故概率分析

以国储一 100 000 m^3 原油储罐为例，事件树分析如图 4 – 15 所示。

图 4 – 14　原油泄漏后果的事件树分析

（6）事故后果计算

以 10×10^4 m^3 的原油罐为例给出池火灾事故后果计算过程。

10×10^4 m^3 的原油罐其最大储存量为（假设原油储罐所装原油为罐容的 85%）：

$W_f = $ （100 000 × 0.85）× 871 = 74 035 000（kg）；

原油的燃烧热取 $H_c = 46\ 500$ kJ/kg；

原油密度 $\rho = 871$ kg/m^3；

原油的燃烧速度取 0.1 kg/（$m^2 \cdot s$）；

空气密度取 1.293 kg/m^3；

η 效率因子取 0.3；

防火堤所围池面积 $S = 70\ 800$ m^2。

① 确定池半径

可根据防火堤所围液池面积计算池当量半径：$r = \sqrt{\dfrac{4s}{\pi}} = 300.2$ m

② 确定火焰高

$$h = 84r\left[\frac{\mathrm{d}m/\mathrm{d}t}{\rho_0\sqrt{2gr}}\right]^{0.61} = 405.5$$

③ 计算热辐射通量

液池燃烧时放出的总热辐射通量为：

$$Q = (\pi r^2 + 2\pi rh)\,\frac{\mathrm{d}m}{\mathrm{d}t}\cdot\eta\cdot H_c\Big/\left[72\Big(\frac{\mathrm{d}m}{\mathrm{d}t}\Big)^{0.61}+1\right] = 7.825\,6\times 10^7 \text{ kW}$$

在距离池中心某一距离 X 处的目标接收到的热辐射强度为：

$$q = \frac{Qt_c}{4\pi X^2} = 78\,256\,000\,t_c/(4\pi X^2) = 6\,230\,573.25X^{-2} \text{ kW/m}^2$$

④ 距火灾中心 x 远处死亡概率

单个油罐池火灾事故距火灾中心距离为 x 处死亡的概率变量为：

$$Y = -36.38 + 2.56\ln(tq^{4/3}) = -36.38 + 2.56\ln\left[30\times(6\,230\,573.25X^{-2})^{4/3}\right]$$

单个油罐池火灾事故距火灾中心距离为 x 处死亡的概率为

$$V_S(x,y) = \frac{1}{\sqrt{2\pi}}\int_{-\infty}^{Y-5}\exp\left(-\frac{u^2}{2}\right)\mathrm{d}u$$

（7）网格点处的个人风险

此油罐发生池火灾对任意一网格点个人风险的贡献 $\Delta IR_S = 9.1\times 10^{-8}\times V_S(x,y)$。

根据实地调研，得到风险补偿系数取值情况如下。

消防补偿系数：石油储备基地内部消防站有 28 名专职消防队员，并配备了 4 辆重型载炮泡沫消防车，且在 10 min 内到达事故现场不存在问题，故消防补偿系数取 0.8；

医疗补偿系数：石油储备基地内部以及所在小岛只有诊所式小医院，没有具备应急救援资质的医疗单位，临近岛上也只有社区卫生服务站，最近的大型医院在定海区，距离基地最短路程 13 km，在 10 min 内无法赶到，因此医疗补偿系数取 1；

人员自救能力补偿系数：企业内部以青壮年为主，消防演习次数为 1 次/a，企业内部人员自救能力补偿系数取 0.95，岛上东北角的村民多为老人和小孩，基本没有经历消防演习，自救能力补偿系数取 1。

依次计算各储罐和管道泄漏后事故对网格某一点的个人风险，将各个储罐和管道的个人风险叠加得到网格某一点的个人风险值，最后得到所有网格点的个人风险值。

港口码头区的个人风险计算将单个码头单次靠泊的油轮视为一个固定危险源，计算过程与储罐区大致相同，然后以单次输入或输出风险为基础，根据一年该码头接卸的船只数逐次将风险累加，得到单个码头一年产生的个人风险值。

将储罐区和码头区在同一网格点处的个人风险叠加，得到整个基地个人风险分布的矩阵，具体如表 4-28 所示。

表 4 – 28　个人风险分布表(表中数值单位为 1×10^{-5})

0(4 100, 3 300)	0	0	0	0	0	0.010	0.012	0.010	0	0	0	0		(4 100, 300)
0	0	0	0	0.010	0.012	0.022	0.033	0.044	0.013	0.012	0	0		0
0	0	0	0.010	0.033	0.044	0.044	0.078	0.067	0.044	0.044	0.012	0.010	0	0
0	0	0.010	0.033	0.055	0.089	0.198	0.306	0.209	0.123	0.112	0.044	0.010	0	0
0	0	0.002	0.055	0.1	0.254	0.363	0.449	0.558	0.505	0.376	0.132	0.055	0.010	0
0	0.033	0.077	0.134	0.363	0.569	0.592	0.659	0.845	1.314	0.443	0.176	0.014		0
0	0.055	0.099	0.265	0.506	0.701	0.832	0.943	1.578	2.295	1.228	0.364	0.099		0
0	0.010	0.066	0.11	0.288	0.615	0.919	1.05	1.139	1.664	2.490	1.114	0.507	0.121	0.010
0.010	0.077	0.44	0.311	0.747	1.114	1.136	1.289	1.694	2.054	1.086	0.485	0.132		0.012
0.013	0.088	0.46	0.42	0.833	1.114	1.211	1.158	1.214	1.489	0.921	0.245	0.121		0.013
0.013	0.077	0.474	0.506	0.71	0.919	1.028	1.039	1.060	1.070	0.560	0.109	0.077		0.013
0.013	0.066	0.152	0.472	0.764	0.787	1.116	1.116	0.810	0.810	0.386	0.120	0.077		0.013
0.013	0.066	0.121	0.364	0.57	0.753	0.764	0.764	0.764	0.753	0.341	0.105	0.066		0.013
0.013	0.055	0.089	0.121	0.364	0.57	0.656	0.742	0.656	0.559	0.112	0.066	0.055		0.012
0.012	0.044	0.066	0.089	0.221	0.416	0.439	0.502	0.416	0.330	0.089	0.044	0.033		0.010
0.010	0.022	0.055	0.055	0.089	0.198	0.221	0.330	0.221	0.112	0.055	0.033	0.011		0
(300, 300)														

在 MATLB 中利用函数 contour 可以很方便地将矩阵点绘制等高线即个人风险等值线，程序如下所示：

x = 0∶200∶3600；

y = 0∶200∶4600

Z = ［……

……］；

C = contour（Z，［0.0000001∶10∶0.0001］）；

clabel（C）；

得到石油储运基地个人风险等值线，如图 4 – 15 所示。

图 4 – 15　石油储运基地个人风险分布

2）基地区域社会风险计算

社会风险与区域人员分布有很大关系（表 4 – 29）。该石化基地周边环境比较简单，3 个公司北面均为山坡，南面为海域，只有小岛东北角靠近海边的区域有一个渔业村，距离基地厂界最近距离约 500 m，该村目前常住人口约 650 人。山坡、空地和海域人员出现概率按 0 计算，基地内部区域的人员分布见表 4 – 30。

表 4 – 29　重大危险源影响范围内事故严重程度 E 取值表

伤害区域	区域内人员所受到的伤害程度	人员所受伤害程度的致死概率	事故严重程度取值 E
死亡区域	人员死亡概率为 50%	死亡概率为 50%	0.5
重伤区域	人员耳膜 50% 破裂（爆炸模型）或人员 50% 二度烧伤（火灾模型）	二度烧伤的死亡概率约为 30%	0.5 × 0.3 = 0.15
轻伤区域	人员耳膜 1% 破裂（爆炸模型）或人员 50% 一度烧伤（非爆炸模型）	一度烧伤的死亡概率约为 10%	0.5 × 0.1 = 0.05

表4-30 基地总定员表

公司	区域	岗位名称	操作班制	每班定员（人）	生产人员合计	管理技术人员	辅助人员	小计
A 石油转运公司	库区辅助设施	中央控制室	四班三运倒	4	16			16
		泵房巡检	四班三运倒	2	8			8
		锅炉房	四班三运倒	1	4			4
		消防站	白晚班	14	28	2		30
		污水处理站	白晚班	2	4			4
		化验室	四班三运倒	1	4			4
		维修车间	白晚班	3	6			6
		变电站	四班三运倒	4	16	3		19
		守卫室	四班三运倒	1	4			4
	罐区	罐区及守卫	四班三运倒	10	40			40
	行政管理区	综合楼	常白班			12	3	15
		守卫室	四班三运倒	1	4			4
		食堂	常白班			3	1	4
	码头区	操作工	四班三运倒	8	32			32
国家石油储备基地	罐区		四班三运倒	8	32			32
	行政管理区		常白班			5		5
B 石油储运公司	罐区		四班三运倒	8	32			32
		守卫室	白晚班	1	2			2
	行政管理区	行政楼	常白班			10	4	14
		守卫室	白晚班	1	2			2
	码头区	操作工	四班三运倒	8	32			32
合计					266	35	8	309

社会风险计算结果如表4-31。

表4-31 基地社会风险计算结果

公司	区域	人口数	个人风险/10^{-4}	严重的伤害区域	可能死亡人数
A 石油转运公司	行政管理区	20	0.025 5	位于死亡半径之外	20×0.2≈4
	消防站	14	0.037 6	位于死亡半径之内	14×0.5＝7
	变电站	4	0.043 3	位于死亡半径之内	4×0.5＝2
	锅炉房	1	0.162 1	位于死亡半径之内	1×0.5≈1
	污水处理站	2	0.21	位于死亡半径之内	2×0.5＝1
	储罐区	10	0.117 7	位于死亡半径之内	10×0.5＝5
	码头区	8	0.066	位于死亡半径之内	8×0.5＝4

续表

公司	区域	人口数	个人风险/10^{-4}	严重的伤害区域	可能死亡人数
国家石油储备基地	储罐区	8	0.143	位于死亡半径之内	$8 \times 0.5 = 4$
	行政管理区	5	0.724	位于死亡半径之内	$5 \times 0.5 \approx 3$
B石油储运公司	储罐区	9	0.013 2	位于死亡半径之内	$9 \times 0.5 \approx 5$
	行政管理区	15	0.099	位于死亡半径之外	$15 \times 0.2 = 3$
	码头区	8	0.044	位于死亡半径之内	$8 \times 0.5 = 4$

根据社会风险计算公式，得到死亡人数与累积频率的对应关系，见表4-32。由此得到基地社会风险 $F-N$ 图，见图4-16。

表4-32　基地社会风险累积频率

死亡人数 N	死亡人数≥N的累积频率/10^{-4}	死亡人数 N	死亡人数≥N的累积频率/10^{-4}
1	1.714 4	8	0.928 7
2	1.309	9	0.928 7
3	1.265 7	10	0.928 7
4	1.166 7	11	0.745
5	0.966 5	12	0.745
6	0.966 5	13	0.025 5
7	0.966 5		

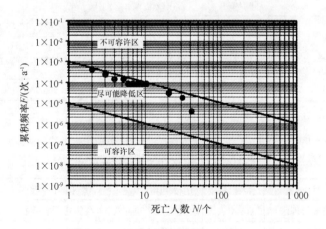

图4-16　石油储运基地社会风险分布

4.7.4　基地安全风险评价结果和安全容量分析

（1）通过对基地危险物质的辨识，属于危险化学品的物质有原油、汽油和航空煤油，其中原油和汽油属于国家安全监管总局公布的首批重点监管的危险化学品。库区的汽油储罐、原油储罐、航空煤油储罐都构成了重大危险源。

（2）通过对基地储罐区储罐和管线泄漏以及码头区船舶和装卸臂泄漏导致池火灾的概率和后果的分析，得到各网格点的个人风险分布图。从图中可以看到国储行政管理区域出现了 1×10^{-4} 的个人风险，储罐区和码头区个人风险为 $1 \times 10^{-5} \sim 1 \times 10^{-4}$，居民区风险在 $1 \times 10^{-7} \sim 1 \times 10^{-6}$，根据本研究推荐的个人风险标准，园区内的个人风险不应超过 1×10^{-3}，高密度居民区个人风险不应超过 1×10^{-6}，因此整个基地内部及周边区域风险都在可接受范围之内。从社会风险分布图可以看出，基地社会风险基本在 ALARP 区，但已快接近不容许区，说明基地的社会风险水平处于较高状态，其原因可能是国储行政管理区三面都被储罐包围，行政管理区建设地点不太合理；还有一可能是采用的社会风险标准只适合单个企业，不适合整个区域，因为社会风险是够引起大于等于 N 人死亡的事故累积频率，区域企业越多，社会风险越大。为保守起见，建议该石油储运基地进一步加强安全管理，尽量降低风险水平。

（3）通过对基地储罐区和码头区个人风险和社会风险的评价，可以得出目前基地安全容量基本处于合理水平。若基地规划扩建，建议对岛上东北角的渔业村进行搬迁，以进一步扩大安全容量。

5 临港石化项目安全规划研究

5.1 临港石化项目陆域安全规划

在进行石化项目的安全规划时，首先应该掌握该规划的内容、有关功能单元的危险源以及重大危险源的辨识。在此基础上，对有关事故的动态演化规律、发展趋势、变化规律、风险动态分布等进行综合分析，掌握事故的动态演化以及风险动态演化规律是进行石化项目安全规划的前提和基础。

5.1.1 石化项目陆域安全规划的内容与危险源分析

石化项目安全规划的内容种类纷繁复杂，危险源是一个系统中潜在的能量和物质释放危险，在具备一定触发条件下就可以转化为事故，并将不同程度地造成伤害、疾病、财产损失或环境的破坏等后果。对安全规划内容的危险源进行辨识是安全规划的前提和基础，特别是重大危险源的辨识，更是规划时考虑的重点对象。

1）石化码头陆域规划内容

在前面章节中对临港石化项目的物料特性和各功能单元的危险性已进行了一般辨识，下面主要从陆域的各有关功能单位再深入地进行分析，主要从库区的选址和平面布置、储罐区、输送系统、电气、公用工程 5 个功能单元来考虑。

（1）库区的选址和平面布置

① 库址选择应符合区域整体规划、环境保护和防火安全要求、交通便利；应具备良好的地质条件，不得选择在有土崩、断层、滑坡、沼泽、流沙、泥石流和地下矿藏开采后有可能塌陷等特殊地质环境区域。

② 当库址选定在沿海地段或潮汐作用明显的河口段时，库区场地的标高要符合要求。

③ 具备满足生产、消防、生活所需的水源和电源、排水等条件；选址与周围居住区、工矿企业、交通线等能保证有关规定的安全距离。

④ 邻近海岸布置的罐区，防止泄漏的可燃液体流入水域措施；各分区及各区的主要建筑和构筑物布置。

⑤ 建筑物、构筑物之间、罐组与锅炉的合理布置。

⑥ 生产管理设施的布置，应位于厂区全年最小频率风向的下风侧，并应布置在便于生产管理、环境洁净、靠近主要人流出入口、与城镇和居住区联系方便的地点。

⑦ 合理安排有关人流与物流路径，道路应符合有关规定：石油库油罐区应设环行消防道路；合理安排油罐中心与最近的消防道路之间的距离、相邻油罐组防火堤外堤脚线之间、消防道路与防火堤外堤脚线之间的距离等；汽车油罐车装卸设施必须设置能保证消防车辆顺利接近火灾场地的消防道路。

⑧ 雨水排水系统：场地雨水的排除方式，应结合工业企业所在地区的雨水排除方式、建筑密度、环境卫生要求、地质条件等因素，合理选择暗管、明沟或地面自然排渗等方式。

⑨ 消防系统：一级石油库应设独立消防给水系统，设有消防水池时，其补水时间不应超过 96 h，水池容量大于 1 000 m³ 时，应分隔为 2 个池，并应用带阀门的连通管连通；油罐应设置泡沫灭火设施和消防冷却水系统；按规定布置火灾报警系统和移动式消防设施等。

（2）储罐区

① 罐组安排：罐组设置方式选择，一般采用地上式，有特殊要求时可采用覆土式、人工洞式或埋地式；选择合适的罐组材料。

② 罐组的合理搭配：一般情况下，甲、乙和丙$_A$类油品储罐可布置在同一油罐组内；甲、乙和丙$_A$类油品储罐不宜与丙$_B$类油品储罐布置在同一油罐组内；沸溢性油品储罐不应与非沸溢性油品储罐同组布置。

③ 罐组容量及数量的安排：一般情况下，油罐组内油罐的总容量不应大于 600 000 m³，同一个油罐组内的油罐数量不应多于 12 座；油罐组内布置的油罐不应超过 2 排，排与排之间的防火距离不应小于 5 m；罐组的连接和防腐；按规定布置防火堤的有效容量、高度、隔堤及水封井的设置等。

④ 仪表和自控系统布置：综合考虑可燃气体的性质、泄漏点的位置、整体布局、周围空气流动情况以及建筑结构等因素。罐区及其泵房内设置可燃气体检测器及火灾报警器。

⑤ 防雷防静电措施：钢油罐必须做防雷接地；存易燃油品的内浮顶油罐不应装设避雷针，但应将浮顶与罐体用导线做电气连接；按规范要求布置可燃液体的钢罐的防雷接地；储存甲、乙、丙$_A$类油品的钢油罐，应采取防静电措施；对爆炸、火灾危险场所内可能产生静电危险的设备和管道，均应采取静电接地措施；甲、乙、丙$_A$类油品储罐的上罐扶梯入口处应设消除人体静电装置等。

（3）输送系统

① 线路选择：结合沿线城市、工矿企业、交通、电力、水利等建设的现状与规划，以及沿途地区的地形、地貌、地质、水文、气象、地震等自然条件，在营运安全和施工便利的前提下，通过综合分析，确定线路总走向，敷设在地面的输油管道应与建构筑物保持合理的距离。

② 跨越管段：管道跨越道路时，其架空结构的最下缘净空高度的合理确定等。

③ 防腐蚀措施：输油管道的防腐蚀设计，应符合国家现行标准《钢质管道及储罐腐蚀控制工程设计规范》（SY0007）的规定，输油管道的保温层的结构应由防腐层、隔热层和保护层组成，合理根据工艺来确定隔热层的厚度。

④ 汽车装卸区安排：布置在厂区边缘或厂区外，并宜设围墙独立成区；合理安排品种不同的装卸站的位置和数量。

⑤ 原油泵房、泵棚等设施：根据输送介质的特点、运行条件及当地气象条件等综合考虑确定。

⑥ 防火防爆措施：根据输送介质的特性及功能单位的位置等合理安排可燃气体、有毒气体的检测措施和各有关建筑等的防火防爆措施。

⑦ 防雷防静电措施：根据输送系统的实际情况进行防雷和防静电措施，重点位置有泵房（棚）、装卸设施、相关管道及设备等。

（4）电力

① 系统各功能单位的动力维持大部分靠电力来进行，合理配置好供配电地点和设施，电气设备、电线、电缆等的质量保证措施。

② 对变压器、开关柜等电气设备以及安全通道的合理布置。

③ 一些开关柜设备闭锁装置布置，所有设备的接地设施布置。

④ 一些动力、照明电源箱在电源端、支（干）线路、负载端等，尤其在插座回路的漏电保护装置。

⑤ 各种电压等级的电气设备对地距离、操作通道等合理规划。

⑥ 各电气元件的控制保护回路措施。

⑦ 配电室、电气设备应防水、防潮设施。

⑧ 防雷防静电措施。

（5）公用工程

① 锅炉房：涉及了位置和数量的确定、建筑的耐火材料和防火措施、连锁保护措施、照明和消防等措施。

② 换热站：涉及了换热站的布置、监测仪表、循环水泵的扬程以及补给水泵选择等。

③ 空压站：涉及空压站的位置、空压机的吸气口、空压机及储气罐的布置、报警信号等。

④ 事故存液池：涉及了存液池距储罐的位置、排水措施、容量的确定。

⑤ 污水处理措施：污水处理场内的设备、建筑物、构筑物等布置。

2）临港石化项目陆域危险源类型

本节在前面的内容基础上，结合陆域规划的有关内容，对陆域危险源类型进行更详细的分析：

（1）自然危险因素

考虑石化码头一般建在海边，主要的自然危险因素有：暴雨、地震、台风、雷暴、风暴潮、海洋大气腐蚀等。

（2）储罐区主要危险

① 火灾、爆炸：储罐、管道、阀门、法兰等设备和设施出现焊缝开裂、腐蚀穿孔、接头等原因泄漏，石化产品遇到点火源（明火、高温物体、静电火花、雷击等）着火，引发火灾爆炸；因进出液量调节不好，液位监视仪表失灵、高液位报警失灵、超装外溢；罐密封不好、卡盘等因素，可能导致储罐冒顶事故，造成油品及化工品外溢，泄漏的物质遇

点火源可发生火灾爆炸事故等。

② 高处坠落：储罐高度一般都大于 10 m，如果罐顶踏步、四周护栏、盘梯上栏杆、平台等设置不当或损坏、缺失，照明设施不好，以及操作人员到 2 m 以上的管道上进行维修时，安全措施不到位，可能导致工作人员发生高处坠落事故。

③ 中毒：储罐、管线、仪表等发生渗、漏、跑、冒，致使化学品蒸气在作业场所积聚且通风不畅，同时操作人员未按要求穿戴好防护器具，将会发生中毒事故。

④ 灼烫：原油、燃料油、苯、冰醋酸等储罐、管道采用高温蒸汽或导热油加热，如高温介质输送管道发生泄漏、损坏或管道上仪表、阀门密封不严以及误操作，致使高温介质喷溅至现场人员，会发生作业人员烫伤事故。

⑤ 雷击危害：储罐如未按标准设置防雷接地保护设施、或因腐蚀损坏失灵，防雷接地电阻不合格，遇有雷雨天气，可能发生雷击，破坏设备，甚至造成火灾、爆炸和人员伤亡。

⑥ 触电：仪表用电设备、配电线路如未按要求进行保护接零或保护接零失效，以及未安装漏电保护器、漏电保护器失灵或线路绝缘损坏、线路短路等造成人员触及带电体或过分靠近带电部位，均可能发生触电事故。

（3）输送系统

① 火灾爆炸：储运、装卸的原油、燃料油、汽油、柴油等油品和苯类、醇类、二氯乙烷、MTBE、乙酸乙酯等化工品为可燃或易燃液体，其蒸气可与空气形成爆炸性混合物。如上述物料在储运、装卸过程中发生泄漏或挥发出蒸气并在周围空气中浓度达到爆炸极限时，遇能量足够的点火源会引起燃烧、爆炸。

② 中毒窒息：石化品普遍具有一定毒性，当有毒物料发生泄漏或正常工艺操作及维修时有毒蒸气挥发被人吸入，易造成人员不同程度的中毒伤害并可引发继生伤害。

③ 机械伤害：输送设备如输油泵、化工液体泵上具有外露的运动部位，若安全防护、保护措施失效或损坏，不断电进行检查、检修或者其他原因，作业人员触及，可发生绞、挂、挤、轧、碾等机械伤害事故。

④ 触电：电气设备、设施、线路、开关等，若产品质量不佳、绝缘性能不好、运行不当、机械损伤、绝缘老化导致漏电；违章操作、安全措施不完备、保护失灵时，人体不慎接近或触及正常带电体和意外带电部位都有可能发生触电事故。

⑤ 高处坠落：管廊、汽运装卸车鹤位平台等具有高处作业点位，会由于其上梯、台、走道及防护栏杆、挡板等安全设施不符合规范要求，或违章作业等原因，可能发生作业人员的高处坠落伤害。

⑥ 起重伤害：大型泵、配套电机、阀门等设备、设施均较重，在安装维修时，会使用起重机械辅助工作，可能由于起重机械制造、安装存在缺陷，其上缺少安全保护装置或装置失效及违章作业等原因，造成作业及附近人员的碰、压、砸、挤等起重伤害。

⑦ 车辆伤害：汽运石化品槽车在进、出装卸区过程中可能由于道路、场地不符合规范要求，或缺少应有的安全警示标志及违章驾驶、调度失误等原因造成作业人员、驾驶人员及附近人员的车辆伤害。

⑧ 噪声危害：石化品输送泵为高噪声设备，会因选型、购置、安装缺陷、缺少隔声、

消声装置及个人防护用品而致巡视、维修人员的噪声危害，轻者耳鸣，精神不集中，重者可致耳聋，并可引发继生伤害。

⑨ 灼烫：原油、苯管道用电伴热，如保温层缺失会造成电伴热丝对人的灼烫伤害；在输送泵处，考虑摩擦产生的热量，在泵体表面会存在可致人灼烫伤害的部位而使巡视、维修人员发生安全事故。

⑩ 其他危害：苯乙烯极易聚合，聚合中放热生成聚合物，且聚合速度随着温度上升而加快。所以存在苯乙烯的设备、管路中，防止苯乙烯因阻聚剂加入量不足、阻聚剂分布不均、温度升高、停留时间过长、操作失误等原因造成苯乙烯聚合，设备、管路堵塞，引起非正常停车，甚至损坏设备等危害。

(4) 电力及公用工程

① 火灾、爆炸：柴油储罐、二氧化氯发生器及其管道等。

② 容器爆炸：锅炉、压缩空气储罐、氮气储罐、消防泵房的定压罐、换热站内的膨胀罐等压力容器和蒸汽、压缩空气及氮气管道等压力管道等。

③ 中毒、窒息：二氧化氯发生器及其管道、污水处理设施中 H_2S、氮气设备、管道泄漏。

④ 机械伤害：泵、空压机等机械设备设施的外露传动、转动部件无安全防护罩或防护设施损坏失效、没停机修理、检查，可能造成挤、夹或打伤等事故。

⑤ 淹溺：污水处理设施中如无盖板、护栏、警示标志，作业人员精神不集中，不慎掉入池中，造成事故。

⑥ 触电：电气设备、照明灯具、线路等产品质量欠佳，绝缘性能不好，现场环境出现潮湿、腐蚀、振动或机械损伤，维护不善，绝缘老化、破损，安装不合规范或违章操作等原因，人体不慎触及漏电部位，可能发生电击，电伤等触电危险。

⑦ 高处坠落：2 m 以上的设备（如循环水站的冷却塔；供风、供氮系统的压缩空气储罐、氮气罐、导热油储罐等）和设施，若未按标准安装钢梯、护栏、平台或安装不完善、损坏，作业人员进行检查、操作、检修、取样时，稍不慎会发生高处坠落事故。

⑧ 噪声危害：空压机组管道、泵房、冷却塔类等各类设备若未采取隔声、消声和吸声等措施，作业人员长期在高噪声环境中工作，会造成职业性耳聋或其他疾病。

⑨ 雷击危害：高架建构筑物、15 m 以上的孤立高耸建筑物或设备及其电气、仪表自控线路，如未按规范、标准设置防雷接地设施或因接地设施损坏失灵，遇有雷雨天气，可能发生雷击，造成人员伤亡，财产损失。

3）石化码头陆域重大危险源类型

重大危险源是在工业活动中长期或临时地生产、加工、储存或使用有关危险物质超过或等于一定标准的临界量设备、设施或场所等。辨识的主要依据是《重大危险源辨识》标准（GB 18218-2009）、《关于开展重大危险源监督管理工作的指导意见》（安监管协调字[2004] 56 号）和《危险化学品重大危险源监督管理暂行规定》（国家安全生产监督管理总局令第 40 号），按照规定常见申报的 9 种重大危险源为[118-119]：储罐区（储罐）、库区（库）、生产场所、压力管道、锅炉、压力容器、煤矿（井工开采）、金属非金属地下矿山、尾矿库。

关于储罐、库区、生产场所三类重大危险源主要是根据有关内在单元内存在的危险物质种类和数量来进行辨识：

（1）如果单元内存在单一种类的危险物质时，单元内危险物质的总量等于或超过相应规定的标准临界量时，则定为重大危险源。

（2）单元内存在的危险物质为多品种时，有关量的计算要是能满足下面公式，则定为重大危险源：

$$\frac{q_1}{Q_1} + \frac{q_2}{Q_2} + \cdots + \frac{q_n}{Q_n} \geq 1 \qquad (5-1)$$

式中，$q_1, q_2, \cdots, q_n$ 为每一种危险物品的实际贮存量（t）；$Q_1, Q_2, \cdots, Q_n$ 为对应危险物品的临界量（t）。

一般石化项目中装卸、储存货种中属重大危险源辨识范围内的货种，标准（GB 18218 - 2009）在使用场所、储存场所的部分物品临界量见表 5 - 1。

表 5 - 1　部分液体石化产品的临界量（GB 18218 - 2009）

产品名称	临界量/t
苯	50
苯乙烯	500
丙酮	500
丙烯腈	50
二硫化碳	50
环乙烷	500
环氧丙烷	10
甲苯	500
甲醇	500
汽油	200
乙醇	500

根据临港石化项目所存在的危险物质、设备和设施情况，项目一般存在的重大危险源主要有：储罐区、压力容器、汽车装卸区、输送管线等单元。

5.1.2　石化事故动态演化机理理论分析

石化事故发生是一个复杂的过程，掌握事故发生后的动态演化规律、特征、内在的推动力等，是进行安全规划的一个重要前提。本文主要运用事故致因理论的能量释放动态演化理论和风险演化理论，从能量释放动态演化机理理论来分析临港石化项目的能量源的空间分布，从风险演化机理理论来分析临港石化项目的空间风险分布，为进行科学合理安全规划提供有效的技术支持。

1）能量释放动态演化机理理论

该理论由吉布森（J. Gibson）在 20 世纪 60 年代提出，后由哈登（W. Hadden）引申为"能量意外释放"理论（Energy Transfer Theory），是事故致因理论发展的重要一环。事故的发生认为是由不正常或不希望的能量释放，各种形式的能量成为伤害的直接因素。事故就是一种能量的异常或意外释放，能量的每一次异常释放存在一个能量源、路径和接受对象，预防事故的措施有：控制能量源、切断能量转移的途径及载体以及能量接受者采取预防措施等。在现实世界中，能量种类繁多，常见的有电能、机械能、热能、化学能、辐射、声能等。麦克法兰特（McFarland R.）解释事故对人、财产损害的原因是：有机体组织或结构抵抗能力已不能接受这些过量的异常能量或者是有机体或环境的正常能量交换受到了干扰。若是释放的能量转移到人体，超过了人体接受能力，人体将受到伤害，若是转移到设备，超过了设备的接受能力，设备将损坏。同时，事故爆发实际就是一个能量的动态释放过程，能量释放的过程是一个蔓延和扩散过程，在释放和传播过程中，并不断扩大并引发新的事故范围。

根据开始事故能量释放方式的差异，演化模型可分为辐射式和汇集式两种模型，具体见图 5-1，在第一种情况时，A 为事故初始能量，对象有 B、C、D 等，能量向外目标辐射的方式；第二种情况时，初始能量 A、B、C 集中汇集到目标 D 的演化模型。这两种演化模型中，辐射式的能量向多个目标释放，能量被释放，而汇集式能量集中，因此这种情况下，引发二次事故的可能性也更大些。

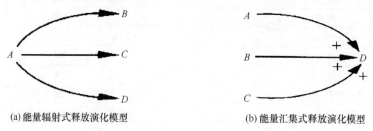

(a)能量辐射式释放演化模型   (b)能量汇集式释放演化模型

图 5-1   能量释放事故演化模型图

2）临港石化项目能量分布

项目存在的主要能量源主要用于两部分：石化液体输送、维温。其他能量源部分包括：照明、辅助生产、生活用能等。下面主要分析输送部分的能量移动。石化码头生产工序能量流动主要是保证石化产品的管道的正常输送，常见的是从船、火车、汽车或其他库区的产品通过泵的传输，到达储罐，再通过泵，输送至有关的船、火车、汽车或其他库区，在流动过程中，涉及了一些维温措施，如电伴热、水伴冷、蒸汽伴热、电搅拌等。具体分布见图 5-2 所示。

在项目中，有关能源的网络分布中，主要涉及：电力和燃料油燃烧提供热能，电力主要是保证整个系统的生产工序的正常运转，一个项目内一般都设有一个变电所，外部的电力先输入储存，然后加工转换后，分配到各个用电单元，包括生产用电、照明、控制用电、各类泵（如：螺杆泵、离心泵、屏蔽泵等）的用电、其他用电。热能是利用燃料油在锅炉燃烧来提供热能，作为一些输送管道的伴热和供暖等，具体见图 5-3。

在做安全规划时，应该对项目的能源空间分布做合理安排，对有关能量采取防护措施

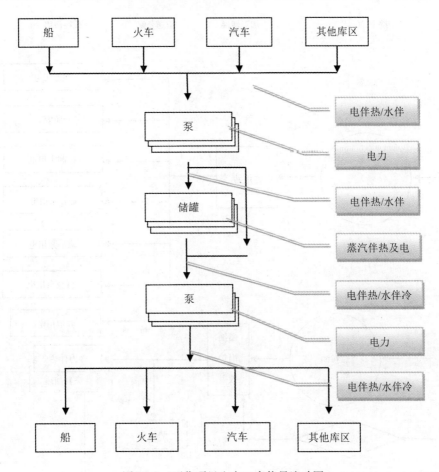

图 5 – 2　石化项目生产工序能量流动图

来防止能量的异常移动，常见措施有以下几方面。

（1）系统的能量控制。常见于限制能量的大小和速度，规定安全限量，使用低压测量仪表等。

（2）防止能量的聚集。常见的如控制爆炸气体的浓度，以防空气含量达到爆炸浓度。

（3）控制能量释放、延缓能量释放措施。采用安全阀、溢出阀来控制高压气体等。

（4）开辟能量释放的新途径。常见的例如安全接地防静电措施。

（5）在能源上设置屏障。常见的如在一些机械上加防护罩、防辐射罩等。

（6）人、物和能源之间安装屏障。如防火门、作业安全网等。

（7）改变工艺流程。将一些不安全流程改为安全流程。

（8）提高防护标准。例如采用双重绝缘工具来防止高压电能触电事故等。

3）风险分析的理论模型

危险是指能造成损失的事故更易发生或者是在发生事故情况下会导致损失更为严重的一种状态。危险是风险产生的前提条件，风险实际就是危险状态实际成为损失事故的一种可能性有多大、损失或伤害事故后果的一种不确定性[122]。

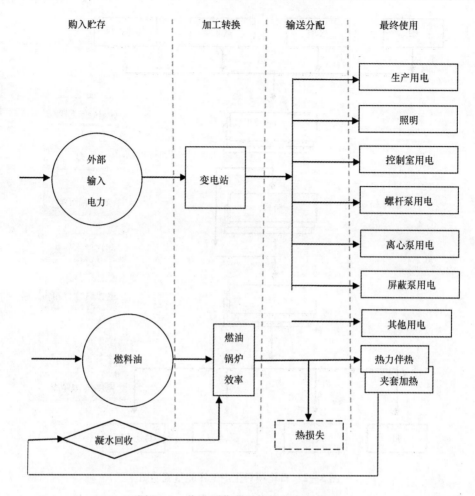

图 5-3 临港石化项目能量分布网络图

在对石化项目进行风险分析时，主要体现在 3 个方面。

①危险性分析：对某一系统存在的某些危险因素或状态进行辨识，对危险状态可能转化为事故的条件因素是什么、因果、过程的演变、发生的概率等进行分析；②事故发生后果分析：对事故一旦发生后可能产生的严重后果进行分析；③风险评估：主要是计算相关的风险量值，确立有关风险标准，对风险对象的风险大小进行评估。

（1）危险源的危险性分析

危险源的严重度主要从 3 方面来确定：首先是潜在危险性，第二是危险存在的条件，第三是可触发的因素。潜在危险性是指事故一旦发生可造成的危害和损失的程度是多大，这里可以从释放的能力或危险物的释放数量来确定，并以此确定事故发生的规模和影响程度，是危险源的一种固有属性。危险物质固然有其自有的危险性，并需考虑其存在的外在条件的不同，其现实危险也就不一样，在一定条件下将被触发并成为事故的可能也将有所差异。一般情况下，危险存在的条件就是指危险源的物化状态以及限制约束状态，常见的有：存储的器具条件、需要的外部环境条件；温度以及压力状态等相关参数；有关设备的现在状态、存在的固有缺陷和维护情况等；外界的防护措施、警示措施等。可触发的因素涉及人为和自然两方面的因素，人为因素包括：个人的不正确操作或失误、个人个性特征的缺陷（粗心、责任心差或其他心理因素）等人为因素；不正确的管理和训练、指挥协调方面的失误、决策误判、安排的失误、设计的缺陷等管理方面的因素。自然因素是一种外在的自然条件使危险源转化为事故的因素，常见的诸如海啸、台风、地震、高温、高压等一些极端条件。触发因素是事故发生的外在因素，每一类危险源都存在其固有的触发条件，例如：对温度敏感的易燃易爆品，压力容器对高压的敏感，等等。事故一般都与一定的触发条件因素有关，危险源在触发因素的作用下转化为危险状态，并演变为事故。

在进行危险源评价时，对危险源的潜在危险性、存在条件和触发因素的辨识，应该全面掌握这 3 方面的内容。

对有关潜在危险性评估的方法有很多，下面采用危险分级的方法来确定，将危险划分不同等级的可能性，以此来衡量危险源的危险性大小，常将危险划分为 6 个等级：经常、容易、偶然、很少、不易、不能等[123-124]，具体见表 5-2。

表 5-2　危险事故发生可能性分级

描述词	等级	项目说明	发生情况
经常	A	几乎经常出现	连续发生
容易	B	在一个项目寿命期内出现几次	经常发生
偶然	C	在一个项目寿命期内有时出现	有时发生
很少	D	可假定不会发生	可能发生
不易	E	出现的概率接近于零	可假定不会发生
不能	F	不可能出现	不可能发生

（2）事故后果分析

根据《生产安全事故报告和调查处理条例》（国务院 493 号令）对安全事故分级，结合事故危险可能分级，将事故后果划分为 6 级：特别致命的（Ⅰ级）、致命的（Ⅱ级）、严重的（Ⅲ级）、危险的（Ⅳ级）、轻微的（Ⅴ级）、无危险的（Ⅵ级）。

表 5-3　危险事故严重度分级

等级	严重程度	损害情况
Ⅰ	特别致命的	可造成比较多的人员死亡、重伤、中毒伤害事故，或造成非常严重的系统损坏、经济损失。具体量化可类比"特别重大事故"级别
Ⅱ	致命的	可造成多人死亡、重伤、中毒伤害事故，或造成严重的系统损坏、经济损失。具体量化可类比"重大事故"级别
Ⅲ	严重的	可造成人员死亡或多人重伤、中毒伤害事故，或造成较大的系统损坏、经济损失。具体量化可类比"较大事故"级别
Ⅳ	危险的	可造成重伤、或多人轻伤、中毒伤害事故，或造成一定的系统损坏、经济损失。具体量化可类比"一般事故"级别
Ⅴ	轻微的	造成的人员伤害或中毒很轻微，造成系统损坏、经济损失很少
Ⅵ	无危险的	不会造成人员伤害、中毒或系统损坏、经济损失事故

（3）风险严重程度的评价

根据有关系统风险的评价标准对整个系统进行评价，采用风险矩阵法来确定风险严重程度，以事故危险程度为纵向坐标，事故发生的可能性为横坐标，风险的严重程度矩阵表见 5-4：其中，▨区域为高风险区，要加以严格控制；▨区域为中等风险区，为严密关注区；▨区为低风险区，可接受风险区。

表 5-4　风险严重程度矩阵表

危险事故严重度	危险事故发生可能性					
	A	B	C	D	E	F
I						
II						
III						
IV						
V						
VI						

（4）项目的安全容量

临港石化项目的设立将对周围环境和人员的安全产生影响，而由此产生影响也应该在可容许的范围之内，项目对周围环境和人群的影响在可接受范围，则其安全容量就是合适的。项目的安全容量与这些因素紧密相关：介质的危险性、相关设备设施的工艺条件、周围环境的人员分布、所在区域的土地使用情况、安全管理能力、生产技术、应急条件等。项目的安全容量应该是一个风险量化，结合领域和项目的实际情况，项目在整个石化危险品的生产、存储、使用等过程产生整体风险在可接受的范围之内，这个风险将能保证所在区域的正常生产和生活，人们的正常生活水平不受损害。要综合衡量项目的安全容量，将上述因素构造计算模型如下：

$$C = S\prod_{k=1}^{h}(1 + g_k) \tag{5-2}$$

式中，h 为影响因素；g_k 为各影响因素的贡献率。

4）临港石化项目陆域风险空间分布分析

临港石化项目陆域的风险空间分布情况主要是包括危险源的分布以及事故发生所涉及的空间范围两方面，至于石化项目的危险源分布情况，在 4.1 节的有关内容中已做了分析。在对石化项目进行安全规划时，对拟布置的危险源的风险区域实际是由事故的危害范围来决定，而整个项目的风险可以由若干单元的风险叠加来确定。

（1）风险空间区域划分

对某一个评价的对象可能发生某种安全事故的风险空间区域的划分确定，利用有关事故模型进行定量风险分析来计算事故的危险分区，而常见的事故类型主要有泄漏、火灾、爆炸、中毒 4 种类型，有关 4 种类型的模型在 2.4 节里已做了总结。风险空间区域划分一般情况下，可分为死亡区域、重伤区域、轻伤区域和安全区域。

　　① 死亡区：在此区域的半径为死亡半径，在该区域里，人员因为缺乏防护，被认为是无例外地蒙受严重伤害或死亡，在该区域边界上因事故导致死亡的概率为50%，相当于在死亡区内没有死亡的人数正好与该区外面死亡人数相等。假如是可能伤害区域人群密度均匀，则相当于死亡区内人员将全部死亡的严重后果，按照风险严重程度矩阵判断，此区域为极高风险区，需要严格控制。

　　② 重伤区：位于死亡区外部一定区域，假如在此区域的人员没有防护，多数人将受重伤，少数人受轻伤，还有少数人将死亡，该半径为重伤半径。位于重伤区里，爆炸情况下，将有50%人员耳膜爆裂，在火灾情况下，将有50%的人员二度烧伤。位于该区边界上人员重伤的概率为50%，这相当于该区内与死亡区内没有遭受重伤的人数刚好与该区外遭受重伤的人数相等，依照风险严重程度矩阵判断，此区域为高风险区，需严格控制。

　　③ 轻伤区：位于重伤区外一定范围，在此区域若是没有防护措施，绝大多数人将遭受轻伤害，少数人受重伤，还有少数将安全，死亡的可能很小，轻伤区的半径为轻伤半径。在此区域里，爆炸情况下，人员耳膜破裂概率为1%，非爆炸时有50%一度烧伤，按风险严重程度矩阵判断，此区域为中风险区，属需严密关注区。

　　④ 安全区：在该区域内，有关人员即使没有任何防护措施，绝大多数人也不会受伤，死亡的概率为0，外径为无穷大，此区域为低风险区，为可接受区域。

　　爆炸情形下，有关危险分区的范围与事故性质、场所等相关，爆炸的危险分区与爆炸物的性质、参与的爆炸量和环境场所等有关。在开阔地面发生爆炸，其危险分区形状一般为半球状，见图5-4所示。

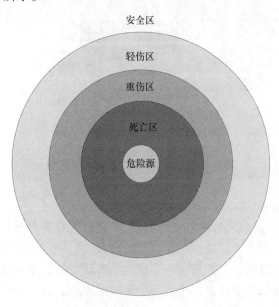

图5-4　开阔地面爆炸伤害区域图

　　火灾情形下，根据不同伤害特点，依据有关热辐射通量的大小来进行危险分区，分别对应的区域半径称为[125]：死亡半径 R_1、重伤半径 R_2 轻伤半径 R_3 和安全半径 R_4（表5-5）。

表 5 – 5　热辐射通量造成的危险分区

热辐射通量 / （kW·m⁻²）	对设备的损害	对人员伤害	区域半径
37.5	操作设备全部损坏	10 s 致 1% 死亡 1 min 致 100% 死亡	死亡半径 R_1
25	无火焰、长时间辐射下，木材燃烧最小能量	10 s 致重大烧伤 1 min 致 100% 死亡	重伤半径 R_2
12.5	有火焰时，木材燃烧，塑料熔化的最低能量	10 s 致 1 度烧伤 1 min 致 1% 死亡	轻伤半径 R_3
1.6		长期辐射无不安全感	安全半径 R_4

发生有关毒物泄漏时，扩散后也将造成死亡区、重伤区和轻伤区，当然下面的范围的划分还与泄漏介质的物化性质、数量、场所、气象条件等因素关联。在开阔地带发生重气泄漏，泄漏气体没有出现逆温层、与地表没有化学反应和吸附的前提下，泄漏毒气的危险分区呈椭圆形分布，见图 5 – 5。

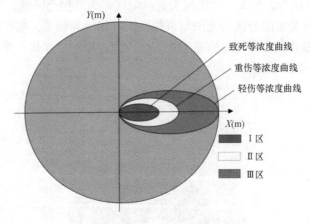

图 5 – 5　开阔地面重气扩散伤害区域

（2）风险的空间叠加

事故的演化过程实际就是风险场的重构过程，项目内存在各种各样的危险源，当某一个危险源发生事故时，因多米诺效应引发很多的次事故，项目内的目标也将被多种事故源的风险包围形成一种风险耦合，并形成一个新的风险场，这就是风险的叠加。

关于风险叠加的数学模型建立，设有 n 个事故危险源，这 n 个事故危险源的空间能量场为 $P_1(x, y, z, t)$、$P_2(x, y, z, t)$、…、$P_n = (x, y, z, t)$，厂区空间中任意一目标点 $N(x, y, z)$，风险的空间叠加实际就是要确定在 $P_1(x, y, z, t)$、$P_2(x, y, z, t)$、…、$P_n = (x, y, z, t)$ 的一起耦合作用于目标点 $N(x, y, z)$ 的风险 R 值[126-127]，如图 5 – 6 所示。

由于各种危险源的危险各有不同，例如：爆炸产生的热辐射、冲击波、碎片等；火灾

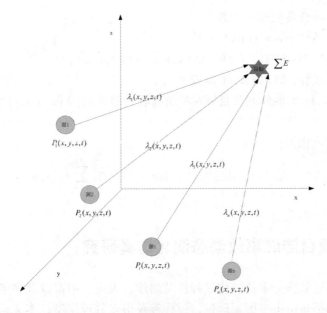

图 5 - 6 风险空间叠加关系图

产生热辐射；有毒物质的散发等。那么要把多种风险叠加涉及的关系众多，简单将各种风险叠加，肯定与实际不吻合，有学者提出使用能量的叠加来衡量，提出不管哪种危险源，最终都是能量造成的伤害，所以，使用事故产生的能量叠加代替风险叠加，更具有实际意义[128]。假设多种危险源通过一种传递函数 λ (x, y, z, t)，将有关能量作用到目标点，目标点获得了总能量为 $\sum E(P_1(x,y,z,t),P_2(x,y,z,t),\cdots,P_n(x,y,z,t))$：

$$\sum E(P_1(x,y,z,t),P_2(x,y,z,t),\cdots,P_n(x,y,z,t)) = E_1(P_1(x,y,z,t)) +$$
$$E_2(P_2(x,y,z,t)) + \cdots + E_n(P_n(x,y,z,t)) \tag{5-3}$$

每一种危险源发生的每类事故加于目标点上的风险都是相互独立的，由此可计算目标点接受的风险总和的叠加计算式为：

$$R(x,y,z,t) = \sum_{j=1}^{k} \sum_{i=1}^{m} f_{ji} L_{ji}(x,y,z,t) \tag{5-4}$$

式中，f_{ji} 为第 j 个危险源导致第 i 类事故的概率，次/a；m 为危险源发生事故的事故种类数；k 为发生事故的危险源个数；$R(x,y,z,t)$ 为目标点多危险源事故耦合作用后的风险；$L_{ji}(x,y,z,t)$ 为第 j 个危险源导致第 i 类事故的后果。

由于在实际中的危险源产生的危害爆炸、火灾、中毒的能量的计算，其关键的 3 个危险变量是压力、温度和浓度，上述的危险源实际就是代表了一种温度的能量场、压力能量场和浓度的能量场，能量在转移过程中还会发生能量的消耗，也即存在一种差值，用梯度来表示，并等于 P 对空间坐标变量的偏导：即 x 方向梯度：$\partial P/\partial x$；y 方向梯度：$\partial P/\partial y$；z 方向梯度：$\partial P/\partial z$。用矢量 G 表示梯度，根据场理论则[129]：

$$G = \mathrm{grad}P = \frac{\partial P}{\partial x}i + \frac{\partial P}{\partial y}j + \frac{\partial P}{\partial z}k \tag{5-5}$$

事故动态演化综合模型如下判式：

事故扩散演化条件：$G = \mathrm{grad}P > 0$ (5 – 6)

目标接受能量模型：$E(x,y,z,t) = \lambda(x,y,z,t)P(x,y,z,t)$ (5 – 7)

次生事故发生条件：$E(x,y,z,t) \geqslant D$ (5 – 8)

式中，$E(x,y,z,t)$ 为事故波及目标对象所吸收的能量值；$\lambda(x,y,z,t)$ 为传递函数；D 是目标对象耐受阈值。

则能量叠加式可化为：

$$\sum E(P_1(x,y,z,t), P_2(x,y,z,t), \cdots, P_n(x,y,z,t)) = \sum_{i=1}^{n} \lambda_i(x,y,z,t) P_i(x,y,z,t)$$

$$(5 – 9)$$

5.1.3　石化项目陆域事故动态演化仿真研究

临港石化项目陆域部分事故演化过程涉及爆炸、火灾、中毒以及多米诺效应等，每一种事故类型的演化都是由很多因素确定，过程涉及很多数理模型，本文运用 GIS 技术对池火灾进行模拟、运用 MATLAB 对石化品泄漏进行模拟，以揭示有关事故动态演化的内在规律，为临港石化项目安全规划的定量分析技术和防止发生多米诺效应提供支持。

1）池火灾在 GIS 环境下的模拟

目前国内进行土地利用规划时，运用最广泛的属地理信息系统 MAPGIS 技术，MAPGIS 是国产开发软件，具有全中文界面、功能强大的特点。是目前国家科学技术委员会推荐优选使用在全国推广的地理信息系统平台，已在土地规划、管理和审批等相关部门广泛使用。经过多年的升级发展，现已具备地理数据输入、图形编辑、数据库管理、空间分析、图形输出和实用服务等功能。MAPGIS 有以下方面功能优势[130]：第一是数据采集与可视化能力较强。整个系统具有较好的空间数据的输入和编辑功能。通过多样化的数据获取方式，可对一些常见的数据类型兼容转换，数据类型可分点、线、区 3 类便于地理数据的编辑。第二是便于地理信息数据管理。系统采用拓扑数据结构，数据结构可避免冗余和不一致，很方便对有关地理信息数据管理。第三是方便有关土地规划方面的地理信息数据的转换。在所有土地规划方面的数据来源于现状图，矢量化数据能保证相关属性数据的准确性。第四是便于土地地理信息的统计查询。系统中各属性数据都能很好地提供分析、统计、查询等功能。第五是具有功能强大的空间分析功能，可以分析项目区的地形，为有关规划计算提供依据。第六是输出高质量地图。系统提供多种输出模式，诸如 Windows、分色光栅和 POSTSCRIPT 等，利用普通打印机就能得到高质量的很直观的地图。鉴于 MAPGIS 的以上特点，在进行有关石化项目安全规划时，借助 MAPGIS 可以充分模拟显示现场地理信息资料，对基于后果法的安全规划可以直观地反映在所规划的土地信息资料上，为规划的合理性提供良好的依据，并为项目的安全评价、环境评价作为一个依据。

（1）MAPGIS 在安全规划中的模拟过程

运用 MAPGIS 与基于后果安全规划法的具体过程为（图 5 – 7）：首先是资料收集整理准备。主要是准备有关项目的规划设计资料，目前一般的设计资料都是 AUTOCAD 软件设计，而 MAPGIS 都能与之相应格式兼容。第二步是基于事故后果的计算与划分。根据有关事故后果的数学模型计算有关伤亡区域半径，并在有关设计图上划分，为后面危险分区做准备。第三步将有关设计文件与 MAPGIS 之间数据转换，以实现资源共享。这一步需要将 AUTOCAD 设计的 DWG 文件另保存成 DXF 文件，在数据转换之前，还可能涉及不同坐标系的转换，需转换成 MAPGIS 环境下的坐标系。转换时，要将 DXF 文件下的各图层有针对性地进行转换，并相应地在 MAPGIS 下保存有关点、线、区文件。第四步是对所转换文件的属性对照并进行调整。转换过程中，要注意 AUTOCAD 块与 MAPGIS 点状符号间的对应、AUTOCAD 线型图层与 MAPGIS 线型库间的对应，特别是有关颜色属性，同一颜色在 AUTOCAD 和 MAPGIS 之间的颜色码却不相同，因此在转换过程中应注意颜色属性信息的对应[131]。第五步就是危险分区。对基于后果的安全规划区域进行危险分区，并填充以不同颜色，进行相应标注，这一步可以实现对有关规划设计文件在 MAPGIS 环境下进行，可以直观地反映有关规划发生事故最坏情景下的危险分区，利用普通打印机就得到高质量的直观图。鉴于 MAPGIS 的以上特点，在进行有关石化项目安全规划时，借助 MAPGIS 可以充分显示现场地理信息资料，对基于后果法的安全规划可以直观地反映在所规划的土地信息资料上。

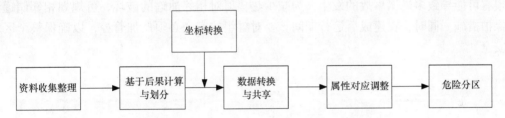

图 5-7 运用 MAPGIS 在基于后果安全规划法的过程

（2）池火灾模拟与实现[132-134]

下面以实例来说明，现有某石化小区内一规划项目，现对拟规划的某区域内的最大一个成品油罐进行计算，这个区域内拟规划一组汽油罐，数量共有 6 个，罐组外围设置有防火堤，对象为一体积 13 000 m³ 的汽油内浮顶罐发生泄漏，且有关存储汽油全部流入防火堤内并发生池火灾，在其余储罐未发生泄漏和着火的情况下进行池火灾计算。计算的有关数据见表 5-6。

表 5-6 有关模拟变量参数

模型参数类别	汽油储罐
池面积大小/m²	9 310
物质燃烧热/（kJ·kg⁻¹）	43 729
储罐容积/m³	13 000
燃料密度/（kg·m⁻³）	730
燃料燃烧速度/（kg·s⁻¹·m⁻²）	0.022 47
人员暴露火焰时间/s	30

结合池火灾的相关数学模型，通过计算相关伤亡半径，计算结果见表 5 – 7。

表 5 – 7　池火灾数据模拟结果 （m）

模拟评价结果类别	汽油储罐
死亡半径	65.59
重伤半径	76.37
轻伤半径	102.06

对拟规划的罐组所在地块来进行后果计算，下面将危险源设定为环绕该罐组边界限来定。通过对规划罐组进行后果相关半径的计算，然后运用 AUTOCAD 在规划图纸上用等值线予以划分和标识，再运用 MAPGIS6.7 进行模拟，最终得出的各危险分区，模拟结果见图 5 – 8。最里侧深红色等值线内为死亡区，中间的深黄色为重伤区，外围黄色等值线内为轻伤区，之外的区域为安全区。由图 5 – 8 可知造成后果轻伤区域还没有波及拟规划的生产办公区域，由于地处石化小区，区域附近没有人口密集的公共场所，但是由于模拟的油罐所在区域是成品油罐组，池火势必对相邻油罐的安全造成重大影响，在现有的设定条件下很有可能导致多米诺事故的发生，为减少热辐射对相邻油罐的破坏，可规划相邻储罐设置保护措施。同时，在建成后运行期间，要对罐组的安全必须严加管控，以确保整个区域的安全。

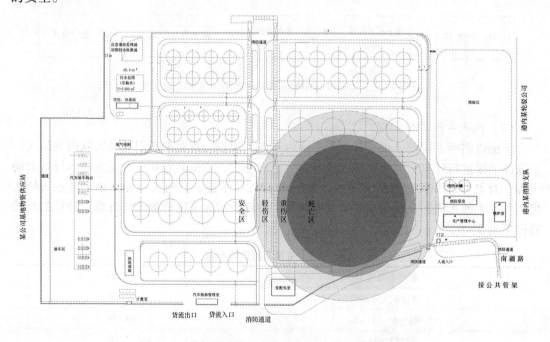

图 5 – 8　某规划油罐组发生池火灾的危险分区模拟图

在安全规划时使用 GIS 技术可以极大提高工作的效率和精度，可提高安全规划的科学性和可操作性，为石化项目选址或安全规划等决策部门提供借鉴和参考。

2）临港石化项目陆域事故动态演化仿真运用与实现

下面以天津某石化小区内一临港石化项目陆域部分为例，对化工品泄漏扩散情况进行模拟仿真，结合有关实际的地形、气候等实际条件因素，运用 MATLAB 软件对泄漏扩散进行模拟。

（1）项目概况

现有天津某石化小区内一临港石化项目，该项目位于石化小区、天津港内，拟将多年闲置的 140 000 m² 的土地和 523 m 的岸线进行规划布置，建设 3 万吨级的液体石化码头，同时兼顾停靠 2 艘 5 000 吨级船舶，规划建设总库容为 240 000 m³ 左右的原油、成品油和液体化工品罐区。涉及产品主要有原油、燃料油、汽油、柴油、苯、甲苯、二甲苯、苯乙烯、甲醇、乙醇、乙二醇、丁醇、二氯乙烷、DOP、DINP、MTPE、乙酸乙酯、冰醋酸等。项目产品的储罐情况以及储存物质种类见表 5-8。所在区域各季节及年各风向频率和各月平均风速见表 5-9 和表 5-10。多年各季及年风频玫瑰图见图 5-9。

表 5-8 产品储罐条件表

物料	火灾危险类别	罐容/m³	直径/m	高度/m	数量/台	罐型	备注
原油（燃料油）	甲_B	9 000	26	19.5	3	内浮顶	加热、保温
汽油	甲_B	8 500 4 500	24.5 18.9	18.56 16.2	3 6	内浮顶	保温
柴油	乙_B	13 000 8 500	31 24.5	18.95 18.56	4 6	内浮顶	保温，加热
苯	甲_B	3 000	17	15.85	4	内浮顶	氮封、加热
甲苯	甲_B	3 000	17	15.85	3	内浮顶	氮封
二甲苯	甲_B	3 000	17	15.85	3	内浮顶	加热、氮封
苯乙烯	乙_A	2 000	15.78	11.37	2	固定拱顶	冷却、氮封
甲醇	甲_B	2 000	14.5	14.35	3	内浮顶	氮封
乙醇	甲_B	2 000	14.5	14.35	2	内浮顶	氮封
乙二醇	丙_B	2 000	15.78	11.37	2	固定拱顶	内喷涂、氮封
丁醇	乙_A	2 000	14.5	14.35	1	内浮顶	氮封
二氯乙烷	甲_B	2 000	14.5	14.35	2	内浮顶	氮封
DOP	丙_B	2 000	15.78	11.37	2	固定拱顶	氮封
DINP	丙_B	1 000	11.5	12	1	固定拱顶	氮封
MTBE	甲_B	1 000	11.5	12	2	内浮顶	氮封
乙酸乙酯	甲_B	1 000	11.5	12	1	内浮顶	氮封
冰醋酸	乙_B	1 000	11.5	12	1	固定拱顶	不锈钢、氮封

表5-9　天津塘沽区各季节及年各风向频率（%）

季节	风向																
	N	NNE	NE	ENE	E	ESE	SE	SSE	S	SSW	SW	WSW	W	WNW	NW	NNW	C
春	3	2	3	6	8	8	9	8	9	8	10	6	4	3	6	5	3
夏	3	3	4	6	9	10	12	10	7	6	7	5	4	3	4	3	5
秋	5	4	4	6	4	3	5	5	6	9	11	8	7	5	8	7	7
冬	4	3	4	7	5	3	3	3	4	6	8	7	8	6	12	10	7
年	4	3	4	6	7	6	7	7	7	7	9	7	6	4	8	6	5

表5-10　塘沽区各月及年平均风速和最大风速（m/s）

月份	1	2	3	4	5	6	7	8	9	10	11	12	年
平均风速	3.8	4.2	4.7	5.3	5.2	4.7	4.1	3.7	3.8	4.0	4.0	3.9	4.3
最大风速	27.0	21.3	25.0	27.0	22.7	26.5	22.7	20.0	20.3	20.0	20.3	20.0	27.0
风　向	WNW	NNW	WNW	WNW	NE	E	ENE	WSW	NW	NNW	NW	N	WNW

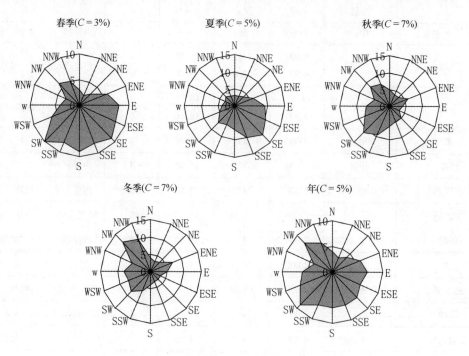

图5-9　多年各季及年风频玫瑰图（%）

春季主导风向为 SW 风，其次为 SE 风。夏季主导风向为 SE 风，秋季主导风向为 SW风，冬季主导风向为 NW 风，全年最多风向为 SW 风。静风出现频率较小，全年静风出现频率为5%。4月风速最大，平均风速5.3 m/s；8月风速最小，平均为3.7 m/s；全年平均风速为4.3 m/s。

月及年平均和最高、最低气温见表5-11。

表 5 – 11　天津塘沽区各月及年平均气温、最高、最低气温（℃）

月份	1	2	3	4	5	6	7	8	9	10	11	12	年
平均气温	− 3.1	− 0.8	5.2	13.2	19.2	23.9	26.5	26.1	21.7	14.7	5.9	− 0.8	12.6
最高气温	10.5	17.1	23.5	32.5	36.9	38.5	40.9	37.4	34.0	31.0	20.9	14.0	40.9
最低气温	− 15.4	− 13.3	− 12.8	− 0.1	6.4	10.4	17.4	15.3	8.0	− 0.2	− 8.4	− 14.3	− 15.4

年平均气温 12.6℃，1 月最低 − 3.1℃，7 月最高 26.5℃。极端最高气温 40.9℃，极端最低气温 − 15.4℃。

（2）扩散模型

项目涉及的化工产品众多，很多产品都具有易挥发性，部分产品泄漏后在大气中扩散，例如苯、苯乙烯、甲基苯乙烯、甲醇、二氯乙烷等，对区域相关人员造成中毒事故，下面对有关化工品部分储罐发生泄漏后扩散进行模拟，扩散运用烟羽扩散模型[135－136]：

$$c(x,y,z,H) = \frac{Q}{2\pi \bar{u} \sigma_y \sigma_z} \exp\left(-\frac{y^2}{2\sigma_y^2}\right) \left\{ \exp\left[-\frac{(z-H)^2}{2\sigma_z^2}\right] + \exp\left[-\frac{(z+H)^2}{2\sigma_z^2}\right] \right\} \qquad (5-10)$$

式中，c 为空间点 (x,y,z) 处的浓度，kg/m^3；Q 为泄漏源强即气体泄漏流量或速度，kg/s；$\bar{u}$ 为泄漏高度的平均风速，m/s；σ_y 和 σ_z 分别为用浓度标准偏差表示的 y 轴及 z 轴上的扩散参数；H 为泄漏有效高度，m，它等于泄漏源高度与抬升高度之和，$H = H_s + \Delta H$，其中 H_s 为泄漏源高度，m，ΔH 为抬升高度，由抬升模型求得；x 为下风方向到泄漏源点的距离，m；y 为侧风方向离泄漏源点的距离，m；z 为垂直向上方向的离泄漏源点的距离，m。

高斯烟羽模型是属一种高架点连续点源扩散，此模型不适用于风速小于 1 m/s 的情况。

（3）参数的确定

大气稳定度与日照、云量、风速有关。根据日照强度（表 5 – 12）与风速及夜间条件不同，大气稳定度可分为 A（极不稳定）、B（不稳定）、C（弱不稳定）、D（中性）、E（稳定）、F（极稳定）6 级（表 5 – 13），空气的扩散能力依次减弱。

表 5 – 12　日照强度的确定

天空云层情况	日照角 >60°	35° < 日照角≤60°	15° < 日照角≤35°
天空云量为 4/8，或高空有薄云	强	中等	弱
天空云量为 5/8 ~ 7/8，云层高度为 2 134 ~ 4 877 m	中等	弱	弱
天空云量为 5/8 ~ 7/8，云层高度低于 2 134 m	弱	弱	弱

表 5 – 13　大气稳定度的确定

地面风速 / (m·s⁻¹)	白天日照			夜间条件	
	强	中等	弱	阴天且云层薄，或低空云量为 4/8	天空云量为 3/8
<2	A	A ~ B	B	—	—
2 ~ 3	A ~ B	B	C	E	F
3 ~ 5	B	B ~ C	C	D	E
5 ~ 6	C	C ~ D	D	D	D
>6	C	D	D	D	D

根据有关地面条件，按地面有效粗糙度 $Z_0 > 0.1$ m 确定高斯扩散模型（5-10）式中的扩散参数如下：

$$\sigma_y = \sigma_{y0} f_y \qquad\qquad (5-11)$$

$$\sigma_z = \sigma_{z0} f_z \qquad\qquad (5-12)$$

$$f_y(Z_0) = 1 + a_0 Z_0 \qquad\qquad (5-13)$$

$$f_z(x, Z_0) = (b_0 - c_0 \ln x)(d_0 + e_0 \ln x)^{-1} Z_0^{f_0 - g_0 \ln x} \qquad\qquad (5-14)$$

式中，$\sigma_y 0$，$\sigma_z 0$ 为 $Z_0 \leqslant 0.1$ m 的扩散参数；其他系数按表 5-14 取；Z_0 按表 5-15 取值。

表 5-14 不同大气稳定度下的系数值

稳定度	A	B	C	D	E	F
a_0	0.042	0.115	0.15	0.38	0.3	0.57
b_0	1.10	1.5	1.49	2.53	2.4	2.913
c_0	0.0364	0.045	0.0182	0.13	0.11	0.0944
d_0	0.4364	0.853	0.87	0.55	0.86	0.753
e_0	0.05	0.0128	0.01046	0.042	0.01682	0.0228
f_0	0.273	0.156	0.089	0.35	0.27	0.29
g_0	0.024	0.0136	0.0071	0.03	0.022	0.023

表 5-15 地面有效粗糙度长度

地面类型	Z_0/m	地面类型	Z_0/m
草原、平坦开阔地	≤0.1	分散的高矮建筑物（城市）	1~4
农作物地区	0.1~0.3	密集的高矮建筑物（大城市）	4
村落、分散的树林	0.3~1		

（4）程序实现

下面运用 MATLAB 仿真软件对上述扩散进行仿真模拟，MATLAB 具有较好地科学计算、数据和图形处理能力，能进行有关仿真模拟[137]，仿真的相关参数按照在中性稳定度 D 类情况下的来取。

模拟的程序主体部分为：

```
[x, y] = meshgrid (50: d: 1000, -100: d: 100);% 定义解空间和计算精度
by0 = 0.08 * x. * (1 + 0.0001 * x) .^ (-1/2);% 计算 y 轴向的基本扩散参数
bZ0 = 0.06 * x. * (1 + 0.0015 * x) .^ (-1/2);% 计算 z 轴向的扩散参数
by = by0. * (1 + 0.38 * Z0);% 对 y 轴向的扩散参数按地面粗糙长度进行修正。
fz = (2.53 - 0.13 * log (x)). * (0.55 + 0.042 * log (x)) .^ (-1). * Z0. ^
(0.35 - 0.03 * log (x));% 按地面粗糙长度计算 z 轴向的扩散参数修正系数
bz = bz0. * fz;% 对二轴向的扩散参数按地面粗糙长度进行修正。
% 高斯扩散浓度模拟计算%
tempyl = -y. * y. /by. /by. /2;
```

tempy2 = 2. 718282.＾（tempyl）；

c = Q/pi/u ＊（（by. ＊bz）.＾（ －1））. ＊tempy2

Cs = input（'请输入所有求解浓度（mg//m³）：'）；%所输入数以"［"和"］"作为开头和结束。

contour（x，y，c，Cs）；%以 x，y，c 变量分别作为 x，y，z 的轴，绘制扩散浓度分布图

shading interp；

colorbar；

grid；

xlabel（'x 轴向距离（m）'）

ylabel（'y 轴向距离（m）'）

title（'气体扩散下风向浓度分布图'）

（5）仿真结果

根据拟规划项目的实际情况，选取的参数为：大气稳定度为 D，泄漏量为 0. 6 kg/s，扩散范围选取了 600 m、400 m、200 m、100 m、50 m 5 种，在上述参数一定的前提下，分别对风速值 u =3 m/s、4. 3 m/s（所在地年平均风速）和 7 m/s 进行模拟计算，得到了相应的浓度分布图（图 5 –10）。在模拟时，可根据实际取不同的参数以得到不同的结果，对泄漏量、扩散参数、风速等进行选取。模拟结果显示，泄漏量越大，扩散范围也越大，时间也越长，影响的范围也越广，风速越大，扩散越快，相应区域也越小。同样，稳定度越低，越有利于扩散，相反地，大气稳定度越高，扩散就越慢，有害气体稀释越慢，有毒区域越大。

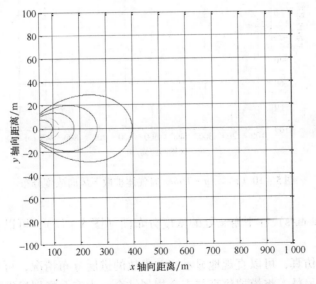

图 5 –10（a）　　u =3 m/s 时气体扩散下风向浓度分布

另外，泄漏之后落地的浓度分布情况也是安全规划要考虑的对象，下面通过分析连续

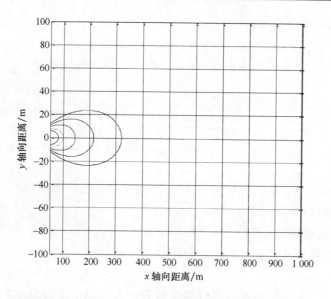

图 5 - 10（b）　$u = 4.3$ m/s 时气体扩散下风向浓度分布

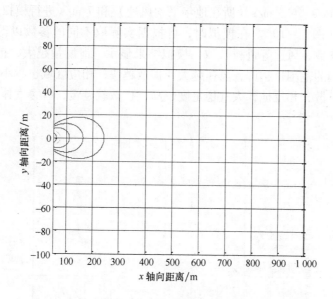

图 5 - 10（c）　$u = 7$ m/s 时气体扩散下风向浓度分布

泄漏源（风速 $u > 1$ m/s）在下游 x 处的浓度分布图（图 5 - 11），可以直观地显示落地的浓度的直观情况。

通过有关模拟仿真，可以直观地显示有关事故的进展分布情况，可从技术上为安全规划提供科学依据。另外，将模拟仿真与安全规划结合，为安全规划提供新的技术手段。

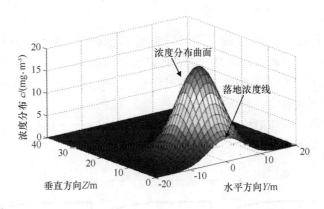

图 5-11　连续泄漏（风速 > 1 m/s）下游 x 处的浓度分布

5.2　临港石化项目海域安全规划研究

　　临港石化项目海域安全规划是整个系统正常运转的重要保证，首先应掌握海域部分安全规划的主要内容；与此同时，项目所在海域的通航环境安全状况将直接影响石化船舶的正常进出和停靠，分析通航环境的安全影响因素，选择合理的评价体系，对通航环境安全状况进行评价，是海域部分安全规划的重要内容，也是进行科学安全规划的前提条件。

5.2.1　石化项目海域安全规划内容与通航环境安全影响因素分析

　　石化码头前沿海域涉及港址、水域、石化码头等内容，是整个系统的重要组成部分。海域部分安全规划的主要内容涉及港口选址、水域布置、码头平面布置、装卸工艺与设备等，在此基础上，分析影响临港石化项目海域通航环境的安全影响因素。

　　1）临港石化项目海域安全规划内容

　　按照《港口法》、《海港总平面设计规范》、《散装液体化工产品港口装卸技术要求》等的规定和要求，下面分别从港口选址、水域布置、码头平面布置、装卸工艺与设备等进行分析。

　　（1）港口选址

　　港口选址规划首先应当符合当地区域经济和社会发展的要求，体现合理利用岸线资源的原则，符合城镇体系规划，并与土地利用总体规划、城市总体规划相衔接、协调。港址选择应满足港口合理布局的要求，根据港口性质、规模及船型，合理利用海岸资源。选址应有足够的水域和陆域面积，港口陆域纵深应满足拟建码头装卸工艺、生产及管理对陆域的要求。对有河流入海的海岸，当河流排沙量较大时，应避免在主要输沙方向的下游海岸选址。若附近有其他货运泊位，安全距离应符合《装卸油品码头防火设计规范》（JTJ 237 -99）要求，需要保证间距在 150 m 以上。

（2）水域布置

① 码头前沿高程：应考虑当地大潮时码头面不被淹没，便于作业和码头前后方高程的衔接。有掩护港口计算码头前沿高程为设计高水位加超高值。

② 码头泊位长度：应满足船舶安全靠离作业和系缆的要求。当在同一码头线上连续布置泊位时，可按下式确定：

如图 5-12 所示，端部泊位 $L_b = L + 1.5d$；中间泊位 $L_b = L + d$（L_b：单个泊位长度；L：设计船长；d：富裕长度）。

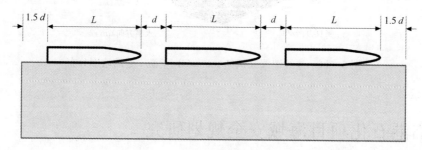

图 5-12　连续布置多泊位长度

③ 码头前沿设计水深：

$$D = T + Z_1 + Z_2 + Z_3 + Z_4 \tag{5-15}$$

式中，T 为设计船型满载吃水；Z_1 为龙骨下最小富裕深度；Z_2 为波浪富裕深度；Z_3 为船舶装载纵倾富裕深度；Z_4 为备淤深度，新港址一般取 0.8 m。

④ 码头前沿底水域宽度：码头前沿停泊水域宽度应为不小于 2 倍设计船型的船宽，根据实际需要，此宽度可增加。

⑤ 船舶制动水域：船舶制动水域设置在船舶进港方向的直线上，船舶制动距离可取 3 ~ 4 倍设计船长。

⑥ 船舶回旋水域：应设置在进出港口或方便船舶靠离码头的地点。船舶回旋水域尺度应为设计船长的两倍。回旋水域的设计水深可取航道设计水深。

⑦ 锚泊：锚地位置应选在靠近港口、天然水深适宜、海底平坦、锚抓力好、水域开阔、风、浪和水流较小，便于船舶进出航道，并远离礁石、浅滩以及具有良好定位条件的水域。

⑧ 海港甲、乙类油品泊位的船舶与航道边线的净距不宜小于 100 m。

（3）码头平面布置

码头平面布置应结合装卸工艺流程和自然条件合理布置各种运输系统，并应合理组织港区货流和人流，减少相互干扰。一般装卸甲乙类危险化学品泊位与明火或散发火花场所的防火间距不应小于 40 m；陆上与装卸作业无关的其他设施与石化码头的间距不应小于 40 m；甲、乙类石化码头前沿线与陆上储油罐的防火间距不应小于 50 m。变配电所的位置应按近负荷中心，进出线方便，避开多尘及有腐蚀性气体场所，并应布置在爆炸危险区域范围以外。变配电所的室内地坪宜高出室外地坪 150 ~ 300 mm。应有防暴潮及雨水倾灌的措施。

弯道、交叉路口不能有妨碍驾驶员视线的障碍物，流动机械车行道应按单向环形车流布置，车辆运行路线应有昼夜均能明显表示的标志，必要时应设道路反光镜。需设置给水、排水设施，其能力应满足生产、生活、环境保护、消防等用水和雨水、生产废水、生活污水等排放要求，室外消防给水管网应布置成环状，向环状管网输水的进水管不应少于两条。

（4）码头装卸工艺和设备

① 输送管线：管线的材质应根据输送介质的特性、压力、温度，可选用合适的材料管等。可燃液体的管道，应架空或沿地敷设，工艺和公用工程管道共架多层敷设时，液化烃及腐蚀性介质管道布置在下层。装卸散装液体化工品宜采用专管专用，如果需一管多用，必须具备完善的清扫手段。装卸作业结束，应将管线内剩余的介质清扫干净，易燃液体采用泵吸或氮清扫。工艺管道除根据工艺需要设置切断阀门外，在通向水域引桥、引堤的根部和装卸油平台靠近装卸设备的管道上，尚应设置便于操作的切断阀，当采用电动、液动或气动控制方式时，应有手动操作功能。当装卸甲、乙类油品时，应采用密闭管道系统，注油口必须在舱底、罐底，禁止罐装。

② 输油臂：输油臂区域必须满足防爆危险区域，输油臂必须装设绝缘法兰接头。液压、润滑、清洗和排空系统等管路应采用非金属绝缘软管跨过绝缘法兰接头，输油臂宜布置在操作平台的中部，合理输油臂净距、限位报警、控制、防雷防静电装置等。

③耐火保护：工艺设备、管道和构件的材料，应符合下列规定：设备本体及其基础，管道及其支吊架和基础，应采用非燃烧材料；设备和管道的保温层，应采用非燃烧材料，当设备和管道的保冷层采用泡沫塑料制品时，应为阻燃材料，其氧指数不应小于30；建筑物、构筑物的构件，应采用非燃烧材料，其耐火极限应符合《建筑设计防火规范》的有关规定。管道保温层、保护层应采用不燃性材料或难燃性材料；管道支架、支墩等附属构筑物，应采用不燃性材料。

④ 防雷防静电：油品码头的输油管道、装载臂和钢引桥等装卸设备及金属构件进行电气连接并应设置防静电、防雷接地装置。地上架空明敷或管沟敷设的输油管道的始末端、分支处及直线段每隔 $200 \sim 300$ m 处应设置防静电、防雷接地装置，接地点宜设在管道固定点处。接地装置的接地电阻不宜大于 $10 \ \Omega$。当油品码头采用船、岸间跨接电缆防止静电及杂散电流时，码头应设置为油船跨接的防静电接地装置，并应在码头设置与地通连的防爆开关。此接地装置应与码头上装卸油品设备的静电接地装置相连接。

⑤ 消防：一般情况下装卸甲、乙类油品的一级石化码头，采用固定式水冷却和泡沫灭火方式。根据选定的水、泡沫或干粉灭火方式以及码头的平面布置、结构形式、工艺设备的布置等因素，可选择下列消防设备：泡沫炮、泡沫枪；水炮、水栓；干粉炮、干粉枪；消防船、拖消两用船；消防车等。选用的消防设备应操作灵活、可靠、坚固耐用，并抗盐雾腐蚀。采用固定式灭火方式的码头，应符合：消防水炮设置数量不应少于 2 门；泡沫炮的射程应满足覆盖设计船型的油仓范围；水炮射程应覆盖全船范围；消防炮应具有变幅和回转性能。涉及甲$_B$类油品的一级码头，可在装卸设备前沿设置水幕，水幕的设置范围应为装卸设备的两端各延伸 5 m。码头装卸区内宜设置干粉型泡沫型灭火器，码头的中央控制室、装载臂控制室、消防控制室等宜设置二氧化碳等气体灭火器。石化码头应设置

直通报警的有线电话，并应配置必要的无线电通信器材，码头及引桥上应设置手动报警按钮及明显的红灯信号。

2）临港石化项目通航环境的安全影响因素分析

通航环境安全是新设立石化码头安全规划海域部分的重点内容，项目设立之后，有关船舶的停靠和离开泊位的安全受多种环境因素的影响，通航环境是船舶进出泊位的空间条件，影响船舶航行安全的因素主要有：港口条件、航道条件、自然条件和交通条件4个方面[138-140]，具体见图 5-13。

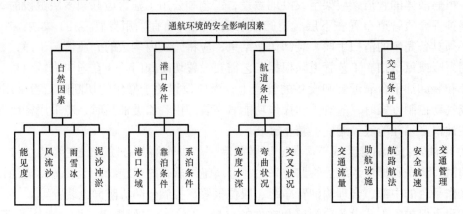

图 5-13　通航环境安全影响因素

（1）自然因素

① 能见度：根据有关数据统计，船舶事故数 K 与能见距离 D（km）存在指数关系[141]：$K = 90 \times D^{-0.8}$。当能见距离小于 4 km 时，船舶航行安全将受到影响，当能见距离在 1 km 以下时，事故数将大大增加，一般以 2 km 以内的能见度的天数作为航行环境安全评价的指标。

② 风：风对船舶航行的影响主要是风力将导致船舶横倾偏转而漂移航道，并因此将影响船舶通航环境安全。

③ 流：水流将对船舶在航道航行时的船舶操作的航速、冲程、舵效、旋回等产生影响，在顺流航行时，实际航速将增加，相应地对地冲程也将增加，从而舵效将变差；逆流航行时，航速将变小，对地的冲程将减少，舵效也较好，船舶在进出石化码头时，在斜流作用下将导致漂移。

④ 浪：浪对船舶航行安全的影响主要有两方面，一是因为波浪的变化产生摇摆力矩，导致船舶摇摆；二是浪对船舶产生漂流力，造成船舶偏离航道。浪将对船舶在航行时的方向、速度、位置等的掌控带来很大影响。

（2）港口条件

① 水域条件：水域条件的影响因素主要体现在船舶制动水域、石化码头前沿靠泊水域、回旋水域和锚地等多方面的因素，这些因素都将对船舶进出石化码头的安全产生很大影响。

② 靠泊条件：大型石化船舶进港需配备足够的拖轮来协助停靠码头，靠泊的条件将影响船舶顺利停靠码头。

③ 系泊的条件：主要涉及了护舷系缆设施以及缆绳的布置和选择，不同的船舶类型、尺寸、停靠方式、码头的结构等都是影响顺利系泊的因素。

（3）航道条件

① 航道宽度：航道的宽度太窄易导致船舶碰撞、触岸、搁浅等安全事故，不同的船舶对相同航道宽度的会遇和碰撞的情况也不同。

② 航道水深：航道的水深直接影响船舶的正常航行，在浅水中航行，对船舶的操纵的舵效影响非常大，导致船舶触底搁浅的可能性很大。

③ 航道弯曲度：航道的弯曲程度，将导致船舶航行时因为航道尺度限制和弯道水流的影响而增加操纵难度。在急弯处，发生安全事故的可能性也将加大。

④ 航道交叉情况：在航道交叉处，将导致船舶航行的交叉汇合，因此会遇次数增加，船舶密度也将增加，出现碰撞、搁浅的可能性加大。

⑤ 碍航物：障碍物的多少将直接影响通航的安全，碍航物与航道的距离等都将对通航安全造成影响。

（4）交通条件

① 交通流量：船舶交通流量越大，交通将越拥挤，驾驶员的压力也越大，产生安全事故的可能性也越大。

② 助航设施：具有定位、警告危险、确认和交通指示等功能的助航设施的完善与否，对通航环境安全的影响很大，一些助航设施可以帮助驾驶员提前根据环境变化做出反应而避免事故发生。

③ 航路与航法：航路是否避开横流、横风和过多的交叉点，航法是否符合海上避碰的相关规则。

④ 安全航速：在航运管理中，航速是一个非常重要的参数，航速过快，冲程大，船舶不能及时停止；航速过慢，舵效退缓，船舶的一些避让行动难以实现。综合考虑环境因素，结合自身船舶性能特点，及时调整船舶航行在安全航速范围，将影响整个通航环境的安全。

⑤ 交通管理：交通的调度水平、引航技术和应急反应速度也是确保整个石化码头通航环境安全的条件。

5.2.2　评判方法体系的构建

为实现对临港石化项目设立所在海域通航环境安全的评价，下面运用层次分析法与模糊评判法相结合的系统方法来进行，在评价过程中，运用层次分析法来确定有关指标权重，评价过程中使用模糊评判法。

1）层次分析法（AHP法）

针对评价对象属性多样化、结构复杂等原因，单一层次结构的评价难以实现评价目标，建立多要素、多层次的评价系统，将定性与定量结合起来，使复杂的评价系统更加明

123

朗化。

AHP 法是美国运筹学家 Thomas L. Saaty 在 20 世纪 70 年代初期提出，目的就是实现多要素、多层次系统的评价，是一种结合定性与定量的决策方法，将整个思维过程实现层次化和数量化，可提高系统评价的可靠性、有效性和可行性[142-143]。

该法首先要将问题条理化和层次化，构造一个层次分析的系统模型，在这个系统模型中，被分解成了若干元素的组成部分，元素又按不同属性分成若干组别，因此形成不同层次，下一层的元素受上一层的支配，最高层为目标层，只有一个元素，是问题的预定目标或理想的结果。中间环节为准则层，是为了实现目标的所有中间环节，可以有诸多个层次组成，最底层为指标层，就是为了实现目标的各种方案、指标等组成。

层次分析法的实现原理是。

（1）首先分析评价的目标系统的各个要素之间的关系，并建立系统的递阶层次结构。这一步的关键是对目标进行系统分解，分成 3 个层次：目标层、准则层和指标层。目标层是最终的判定目标，而准则层是所有评价的标准以及相关规范要求等，是一个多个准则集合，最底层是指标层，是各项具体的约束指标。

（2）对同一层次的各元素关于上一层次中某准则的重要度来进行两两比较，构造得到两两比较判断矩阵，并进行一致性检验。

①构建两两比较判断矩阵：初始建立的系统结构模型中，已确定了各元素的隶属关系，在上一层元素的约束下，现对同层次元素的两两重要性按有关准则进行比较判断，评判的准则依据心理学家提出的"人区分信息等级的极限能力为 7 ± 2"的相关结论，有关指标的相对重要性引入九分位相对重要的比例标度来表示，具体见表 5-16，评判矩阵结果见表 5-17 形式。

表 5-16　基于 AHP 方法风险评价分值表

a_{ij} 分值	定义
1	i 因素与 j 因素同样重要
3	i 因素比 j 因素略重要
5	i 因素比 j 因素稍重要
7	i 因素比 j 因素重要得多
9	i 因素比 j 因素重要得很多
2，4，6，8	i 与 j 两因素性比较结果处于以上结果的中间
倒数	j 与 i 两因素性比较结果是 i 与 j 两因素重要性比较结果的倒数

表 5-17　两两判断矩阵表

	A_1	A_2	$\cdots$	A_n
A_1	a_{11}	a_{12}	$\cdots$	a_{1n}
A_2	a_{21}	a_{22}	$\cdots$	a_{2n}
$\vdots$	$\vdots$	$\vdots$	$\vdots$	$\vdots$
A_n	a_{n1}	a_{n2}	$\cdots$	a_{nn}

② 计算权向量并做一致性检验：一致检验就是两两比较中最好的都是一致阵，对于判断矩阵需计算有关最大特征根及特征向量，并进行一致性检验。具体方法如下。

a. 求判断矩阵每行所有元素的几何平均值 ϖ_i：

$$\varpi_i = \sqrt[n]{\prod_{j=1}^{n} a_{ij}} \qquad (5-16)$$

b. 将 ϖ_i 归一化，计算 ω_i：

$$\omega_i = \frac{\varpi_i}{\sum_{i=1}^{n} \varpi_i} \qquad (5-17)$$

c. 计算判断矩阵的最大特征值 λ_{max}：

$$\lambda_{max} = \sum_{i=1}^{n} \frac{(A\omega)_i}{n\omega_i} \qquad (5-18)$$

式中，$(A\omega)_i$ 是向量 $(A\omega)$ 的第 i 个元素。

d. 计算 CI，进行一致性检验。在算出 λ_{max} 后，可以计算 CI，进行一致性检验，其公式如下：

$$CI = \frac{\lambda_{max} - n}{n - 1} \qquad (5-19)$$

上式中的 n 为判断矩阵阶数，由表 5-18 可以查随机一致性指标 RI，并计算比值 CI/RI，如果 $CI/RI < 0.1$ 时，判断矩阵一致性就达到了要求。否则重新进行判断，写出新的判断矩阵。

表 5-18　RI 取值表

矩阵阶数 n	1	2	3	4	5	6	7	8
RI	0	0	0.52	0.89	1.12	1.26	1.36	1.41
矩阵阶数 n	9	10	11	12	13	14	15	
RI	1.46	1.49	1.52	1.54	1.56	1.58	1.59	

③ 由判断矩阵计算比较要素在该准则下的相对权重：为获得各层次指标在评价方案中的权重多少，先对层次的综合计算，对相对权重进行排序。例如，某一个层评价的相对权重为 W_i，W_{ij}，W_{ijk}，W_{ijkl}，则该评价指标的相对权重为：

$$W(i) = W_i W_{ij} W_{ijk} W_{ijkl}$$

通常也可写为：

$$W(i) = W_i W_{ij} W_{ijk} \cdots \qquad (5-20)$$

④ 权重的调整：当对某个权重认为不满意时，可以进行权重调整：

a. 重新计算权重值：就是对已经采用的权重方法进行重新设计或运用其他方法来计算，直至得到满意权重集。

b. 个别调整权重集：若得到的权重集中个别权重值，需进行调整，指出偏高或偏低权重值所对应因素的序号和要调整的增减值，调整后的权重值按下式计算：

$$W'_i = \frac{W_i}{\sum_{i=1}^{n} W_i + \varepsilon} \quad (i = 1, 2, \cdots, k-1, k, k+1, \cdots, n) \quad (5-21)$$

$$W'_k = \frac{W_k + \varepsilon}{\sum_{i=1}^{n} W_i + \varepsilon}$$

或者指出需要调整权重值的因素序号 k，并对 W_k 重新确定，那么调整后的按下式计算：

$$W'_i = W_i \frac{1 - W'_k}{1 - W_k} \quad (i = 1, 2, \cdots, k-1, k, k+1, \cdots, n) \quad (5-22)$$

2）模糊评判法

在 20 世纪 60 年代美国加利福尼亚大学的控制论专家扎德（L. A. Zadeh）教授首次在 Information and Control 提出模糊理论，模糊理论自 20 世纪 70 年代开始传入中国，并得以快速发展，在各行业中运用非常广泛。模糊评判是对某个具有多属性的事物，该事物整体受多种因素影响，给予一个能比较合理地综合评判这些因素或因素的总体。模糊数学是一种定量处理信息的工具，运用数学的方式来将模糊现象进行抽象描绘，以揭示模糊现象的内在规律。该理论在对一些安全评价的运用取得了不错的效果，可以将实际世界中存在的大量模糊现象运用定量的方式来解决[144-145]。

模糊综合评判运用模糊关系合成原理，利用多因素对评价事物隶属度等级状况进行评判。包括了 6 个基本要素：① 评价因素论域 U：是指各评价因素所组成的评价集合；② 评语等级论域 V：评价的评语集合，是对被评价事物变化区间的划分，常见的如分为很好、好、中、差、极差等；③ 模糊关系矩阵 $\boldsymbol{R}$：单因素评价矩阵；④ 评价因素权向量 $\boldsymbol{A}$：是被评对象的相对重要度，对 $\boldsymbol{R}$ 的一种加权处理；⑤ 模糊算子：合成 $\boldsymbol{A}$ 与 $\boldsymbol{R}$ 所用的计算方法，实际就是一种合成方法；⑥ 评价结果向量 $\boldsymbol{B}$：利用模糊矩阵来计算有关评价结果向量 $\boldsymbol{B}$。

模糊评判中的矩阵 $\boldsymbol{R}$ 是从因素集 U 到评语集 V 的一个模糊变换器，每输入一组因素的权重向量将会得到一个评价结果，基本模型为图 5-14。

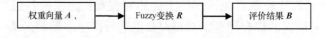

图 5-14 模糊综合评价基本模型

下面以二级以上综合评判模型为例来说明有关实现过程。

（1）因素层次的确立：将被评价的因素 U 分为 m 个因素子集：

$$U = \{U_1, U_2, \cdots, U_i, \cdots, U_m\} \quad (i = 1, 2, \cdots, m)$$

U_i 为最高层次的第 i 个因素，将由第二层次的 n 个因素决定，即：

$$U_i = \{u_{i1}, u_{i2}, \cdots, u_{ij}, \cdots, u_{im}\} \quad (j = 1, 2, \cdots, n)$$

（2）建立权重集：根据有关层次的各个因素的重要度，分别赋予每个因素以相应权重，各权重集组为：

第一层次：

$$A = \{a_1 + a_2 + \cdots + a_n\}$$

第二层次：

$$a_i = \{a_{i1} + a_{i2} + \cdots + a_{in}\}$$

（3）建立评价集 V：评价集是最终的各种评价的结果，不论前面的评价层次多少，但评价集是唯一的，这种评语集表达了系统状态的程度，也便于符合人们的习惯和接受理解，评语等级通常大于 4 个而小于 9 个，取值以适中为好，一般评价集表示为：

$$V = \{V_1 + V_2 + \cdots + V_P\}$$

（4）一级模糊评判：在高一级的各因素都是由低一级层次的多个因素来确定，因此第一层次的单因素都是低一层次多因素来综合评判确定，令第二层次的单因素评判矩阵 $\boldsymbol{R}_i$ 为：

$$\boldsymbol{R}_i = \begin{bmatrix} r_{i11} & r_{i12} & \cdots & r_{i1p} \\ r_{i21} & r_{i22} & \cdots & r_{i2p} \\ \vdots & \vdots & \ddots & \vdots \\ r_{in1} & r_{in2} & \cdots & r_{inp} \end{bmatrix} \qquad (5-22)$$

决定 $\boldsymbol{R}_i$ 矩阵行数的是 r_{ij} 中的个数，决定矩阵列数的是评价集数。考虑了权重后，得到一级模糊综合评价集 B_i：

$$B_i = A_i \circ \boldsymbol{R}_i = [a_{i1}, a_{i2}, \cdots, a_{in}] \begin{bmatrix} r_{i11} & r_{i12} & \cdots & r_{i1p} \\ r_{i21} & r_{i22} & \cdots & r_{i2p} \\ \vdots & \vdots & \ddots & \vdots \\ r_{in1} & r_{in2} & \cdots & r_{inp} \end{bmatrix} \qquad (5-23)$$

式中，"。"是模糊算子。

（5）二级模糊评判：一级评判是最底层的综合评判结果，是对上级的某单一因素评价，而上一级的多个因素的评判，要由二级模糊评判来进行，这里二级模糊综合评价的单因素评价矩阵 $\boldsymbol{R}_i$ 为：

$$\boldsymbol{R}_i = \begin{bmatrix} B_1 \\ B_2 \\ \vdots \\ B_m \end{bmatrix} = \begin{bmatrix} A_1 \cdot R_1 \\ A_2 \cdot R_2 \\ \cdots \\ A_m \cdot R_m \end{bmatrix} \qquad (5-24)$$

那么二级模糊综合评价集 B 为：

$$B = A \circ \boldsymbol{R}_i = A \circ \begin{bmatrix} A_1 \cdot R_1 \\ A_2 \cdot R_2 \\ \cdots \\ A_m \cdot R_m \end{bmatrix} = [b_1 \quad b_2 \quad \cdots \quad b_p] \qquad (5-25)$$

依此类推，求出了最低层的各个变换矩阵，再结合各层次的权重值矩阵，可以求出任意层次的模糊评判，实现最终评价。

多层模糊评判可以反映对象的多因素的层次性，可避免过多的因素导致的权重分配问题，能更准确反映因素间的相互关系。

$$b_j = \sum_{i=1}^{m_i}(a_i r_{ij}) \qquad (j=1, 2, \cdots, n)$$

其中

$$\sum_{i=1}^{m_i} a_i = 1$$

（6）评判指标的处理：得到评价指标 b_j $(j=1, 2, \cdots, n)$ 之后，对评判的具体结果还要采用适当的方法来进行处理。

① 最大隶属度法：仅考虑最大评价指标的贡献，取最大的评价指标 $\max b_j$ 对应的元素 V_1 作为评价结果，将其他指标的信息都舍弃，当最大评价指标不止一个时，此法很难确定结果，因此，常用下面的加权平均法。

② 加权平均法：是取以 b_j 为权数，对各个评价元素 v_j 进行加权平均的值作为评价结果，即

$$V = \sum_{j=1}^{n} b_j v_j$$

假如遇到评价结果是非数量值，此时，只能用最大隶属度法。

③ 模糊分布法：将有关评价指标作为评价结果，或将评价指标归一化后的指标作为评价结果。

3）模糊关系运算的实现[146 - 147]

为得到有关模糊评判的结果，需进行各种关系的运算，现在来看如何实现运算。现有某论域 U 与其闭区间 $[0, 1]$ 存在映射 $u_{\underset{\sim}{A}}$，表示为：

$$u_{\underset{\sim}{A}}:U \to [0,1]$$

$$u \to u_{\underset{\sim}{A}}(u)$$

这个映射即为论域 U 的一个模糊子集，记为 $\underset{\sim}{A}$，$u_{\underset{\sim}{A}}$ 为模糊集 $\underset{\sim}{A}$ 的隶属函数，而 $u_{\underset{\sim}{A}}(u)$ 则称为元素 u 隶属于 $\underset{\sim}{A}$ 的隶属度。论域 U 的模糊子集 $\underset{\sim}{A}$ 由隶属函数 $u_{\underset{\sim}{A}}(u)$ 来表达。隶属程度由 $u_{\underset{\sim}{A}}(u)$ 在闭区间 $[0, 1]$ 的取值来确定，$u_{\underset{\sim}{A}}(u)$ 越接近 1，则隶属的程度也就越大；反之，隶属的程度就越小。

某一模糊集合 $\underset{\sim}{A}$ 的论域 X 为有限集 $X = \{x_1, x_2, \cdots, x_n\}$，设其任何元素 x_i 的隶属函数 $u_{\underset{\sim}{A}}(x_i)$，可用 Zadeh 表示法来表示 A：

$$\underset{\sim}{A} = \frac{\underset{\sim}{A}(u_1)}{u_1} + \frac{\underset{\sim}{A}(u_2)}{u_2} + \cdots + \frac{\underset{\sim}{A}(u_n)}{u_n}$$

式中的 $\dfrac{A(u_i)}{u_i}$ 表示论域中的元素与其隶属度之间的相应关系，并不是表示分数，其中的 "$+$" 不是简单的求和，是表示模糊集合在论域 U 上的整体。

在论域是有限集合的前提下，这种模糊关系可用一种模糊矩阵表示。

（1）矩阵的运算

对任何的 $i \leqslant n$、$j \leqslant m$，皆 $r_{ij} \in [0, 1]$，则 $\boldsymbol{R} = (r_{ij})_{n \times m}$ 为模糊矩阵，常用 $M_{n \times m}$ 矩阵表

示。对任意 R、$S \in M_{n \times m}$，$R = (r_{ij})_{n \times m}$，$S = (s_{ij})_{n \times m}$，则两模糊矩阵 R 和 S 之间的并、交和求补运算为：

$$R \cup S = (r_{ij} \vee s_{ij})_{n \times m}$$

$$R \cap S = (r_{ij} \wedge s_{ij})_{n \times m}$$

$$R^C = (1 - r_{ij})_{n \times m}$$

若 $r_{ij} = s_{ij}(i = 1,2,\cdots,n; j = 1,2,\cdots,m)$，则模糊矩阵 R 与 S 之间是相等关系；

若 $r_{ij} \leqslant s_{ij}(i = 1,2,\cdots,n; j = 1,2,\cdots,m)$，则矩阵 S 包含矩阵 R，记为 $R \subseteq S$；

两模糊矩阵 $Q = (q_{ij})_{n \times m}$ 和 $R = (r_{jk})_{m \times 1}$，模糊乘积 $Q \circ R$ 得一个 n 行 1 列的的矩阵 S，S 中第 i 行第 k 列的元素 s_{ik} 为：

$$s_{ik} = \bigvee_{j=1}^{m} (q_{ij} \wedge r_{jk}), 1 \leqslant i \leqslant n, 1 \leqslant k \leqslant m$$

（2）模糊关系

模糊关系关系了系统元素间的关联程度。现有两非空集合，则直积

$$X \times Y = \{(x,y) \,|\, x \in X, y \in Y\}$$

中的一个子集 $\underset{\sim}{R}$ 就是一种 X 到 Y 的一个模糊关系。

模糊关系可由隶属函数来刻画：$u_{\underset{\sim}{R}} : X \times Y \to [0,1]$，序偶 (x,y) 的隶属度 $u_{\underset{\sim}{R}}(x,y)$ 表示 (x,y) 具有关系 $\underset{\sim}{R}$ 的程度。

在 X、Y 都为有限集情况下，模糊关系 $\underset{\sim}{R}$ 用矩阵 R 表示。

设有论域 U、V、W，Q 是 V 的一模糊关系，$\underset{\sim}{R}$ 是 V 到 W 的一模糊关系，Q 对 $\underset{\sim}{R}$ 的合成 $Q \circ R$ 是指 U 到 W 的一个模糊关系，则有隶属函数：

$$u_{Q \circ R}(u,w) = \bigvee_{v \in V} (u_Q(u,v) \wedge u_R(v,w))$$

设 Q、R、S 的模糊关系对应的矩阵分别表示为：

$$Q = (q_{ij})_{n \times m} \qquad R = (r_{jk})_{m \times 1} \qquad S = (s_{ik})_{n \times 1}$$

则有：

$$s_{ik} = \bigvee_{j=1}^{m} (q_{ij} \wedge r_{jk})$$

用合成 $Q \circ R = S$ 来表示模糊关系的合成 $Q \circ \underset{\sim}{R} = \underset{\sim}{S}$。

模糊综合评判时，各综合指标状况最贴近某一标准的程度问题，常用划分标准为：

a. 最大隶属原则

一般常见的有两种表达方式，可以任选其一，虽计算方法不同导致的结果也不同，但最终归属结果是一样的。

原则 I：现有论域 $U = \{x_1, x_2, \cdots, x_n\}$ 上有模糊了集 $\tilde{A}_1, \tilde{A}_2, \cdots, \tilde{A}_m$（即 m 个模型），对任一个 $x_0 \in U$，有 $i_0 \in \{1,2,\cdots,m\}$，若：

$$\tilde{A}_{i0}(x_0) = \bigvee_{k=1}^{m} \tilde{A}_k(x_0)$$

则可认为 x_0 相对隶属于 $\tilde{A}_{i0}$。

最大隶属原则 II：现有论域 $U = \{x_1, x_2, \cdots, x_n\}$ 上一标准模型 $\tilde{A}$，待识别的对象有 n 个：x_1，x_2，$\cdots$，$x_n \in U$，若有某个 x_k 满足：

$$\tilde{A}(x_k) = \bigvee_{i=1}^{n} \tilde{A}(x_i)$$

则应优先录取 x_k。

　　b. 择近原则

　　现有论域 U 上有 m 个模糊子集 $\tilde{A}_1, \tilde{A}_2, \cdots, \tilde{A}_m$ 构成了一个标准的模型库 $\{\tilde{A}_1, \tilde{A}_2, \cdots, \tilde{A}_m\}$，$B \in F(U)$ 为待识别的模型。如果存在 $i_0 \in \{1, 2, \cdots, m\}$，使得

$$\sigma_0(\tilde{A}_{io}, \tilde{B}) = \bigvee_{k=1}^{m} \sigma_0(\tilde{A}_k, \tilde{B})$$

则称 $\tilde{B}$ 与 $\tilde{A}_{io}$ 最贴近，或者说把 $\tilde{B}$ 归到 $\tilde{A}_{io}$ 类。上式中的 $\sigma_0(\tilde{A}_{io}, \tilde{B})$ 为 $\tilde{A}_{io}$ 与 $\tilde{B}$ 的格贴近度。

5.2.3　石化项目设立通航环境的安全评价实证分析

　　以天津某石化小区一石化码头设立的通航环境的安全评价进行实证研究，运用上述构建的方法体系对所在海域的通航环境安全状况进行合理评价。

　　1）天津某临港石化项目设立所在海域通航环境概况

　　某拟设立临港石化项目地处天津港区以内，陆域位于石化小区，地理位置优越，港阔水深。位于闸东航道 2 + 200 ～ 2 + 600 之间，现有工作船码头由顺岸式和离岸式两座码头组成，一座顺岸码头和一座离岸式突堤式码头，顺岸岸线总长约为 523 m（图 5 - 15）。

图 5 - 15　项目设立所在位置

　　拟设立项目在现有工作船码头前沿线的基础上改建，现有的顺岸码头距天津港航道中心线平均为 345 m，突堤码头端部距航道中心线为 240 m，港池水域使用面积约为 0.16 km²，码头西端约 50 m 处为海事局某基地离岸式工作船码头，东侧 150 m 为港内某顺岸式码头。根据本设计平面布置方案、周边水域特点，码头平面安全规划布置详见图 5 - 16。

　　码头有关规划参数为：

　　① 码头面高程及后方陆域高程

　　根据规范计算有掩护港口码头前沿高程：设计高水位 + 超高值 = 4.30 m + （1.0 ～

130

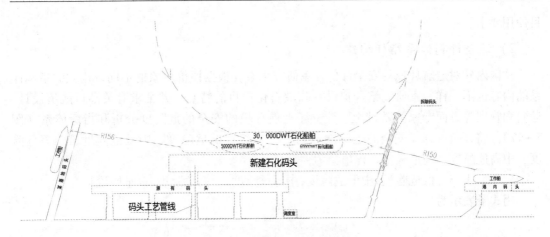

图 5-16　码头平面安全规划图

1.5）m = 5.30～5.80 m，考虑到区域性沉降因素以及与现有码头陆域的衔接，前沿设计高程取为 6.0 m，高于极端高水位 5.88 m。

②泊位长度

码头岸线布置考虑减少码头前沿停泊水域开挖队原码头结构稳定的影响，码头向海侧平行移 20 m，即本码头前沿线距现有码头前沿线 45 m，连片码头总长 300 m，宽为 25 m，顶高程为 6 m。

③码头前沿停泊水域

码头前沿设计水深按满载停靠 3 万吨级油轮设计，疏浚底程高为 -12.5 m 结构底标高为 -13.4 m，码头前沿停泊水域宽度为 64 m。

④港池及回旋水域

项目位于天津港北防波堤以内，该处潮流流速小，本工程回旋水域按圆形布置，直径按 2 倍的 3 万吨级原油船设计，取为 375 m；回旋水域设计底标与天津港闸东段航道设计底标高一致，为 -10 m。

⑤航道

天津港出海航道 2 +600 至 5 +000 段能满足通航 3 万吨船舶要求，5 +000 以外段能满足 15 万～25 万吨级船舶通航要求。天津港航道（5 +000～44 +000 范围）长度为 40 km，5 +000～7 +088 航道有效宽度为 228 m，水深 -17.4 m，7 +088～13 +400，有效宽度为 221 m，水深 -18.5 m，13 +400～44 +000 有效宽度为 207 m，水深为 -19.5 m。

⑥锚地

项目所需要的待泊锚地要求天然水深约 16 m，天津港现有 1#、2#和 3#锚地，其中 1#、2#锚地锚泊 5 万吨级以下船舶，锚地平均水深 -10.0 m；3#锚地为 10 万吨级船舶锚地，锚泊 10 万～15 万吨级以下船舶，锚地平均水深 -23.0 m，现有锚地条件满足工程到港船舶的锚泊需要。

⑦导助航设施

进港船舶主要依靠即有导标、DGPS、VTS 及助航浮标。在新开挖的港池与航道相交处增设浮标，在码头端部设置顶桩。另外，港作拖轮依托于港口即有设施，其能力满足项目使用要求。

2) 综合评判体系指标构建

从国内外对通航环境的安全评价体系研究来看，根据评价对象的不同，建立的指标体系的内容也不一样。本研究结合拟设立临港石化项目的特点，并征求有关港口航道设计、运营和管理等方面专家的基础上，建立了通航环境的安全的危险度分析和指标体系（图5-17）。将评价的通航安全的危险度分为5个等级：低危险度、中低危险度、中等危险度、中高危险度、高危险度，评语集为：

$$V = \{低危险度,中低危险度,中等危险度,中高危险度,高危险度\}$$

用式子表示为：

$$V = \{v_1,v_2,v_3,v_4,v_5\} = \{1,2,3,4,5\}$$

评价的指标体系为：通航环境安全评价体系 U

$$U = \{A\ 自然因素,B\ 港口条件,C\ 航道条件,D\ 交通条件\}$$

$$A = \{A_1\ 能见度,A_2\ 风,A_3\ 流\}$$

$$B = \{B_1\ 锚地容纳能力,B_2\ 前沿水域风险,B_3\ 占用航道风险,B_4\ 拖轮数量\}$$

$$C = \{C_1\ 航道宽度,C_2\ 航道弯曲度,C_3\ 航道交叉点,C_4\ 航道水深,C_5\ 碍航物\}$$

$$D = \{D_1\ 交通流量,D_2\ 助航标志,D_3\ 交通法规,D_4\ 交通流速,D_5\ VTS\ 覆盖范围\}$$

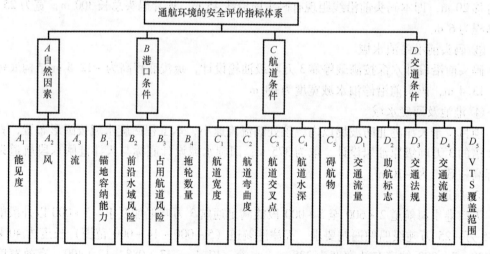

图5-17　临港石化项目通航环境的安全评价指标体系

根据有关专家的意见，下面先对有关综合指标体系评价的危险等级设定分为5个等级，并以此确定安全等级（表5-18）。

表5-18　危险等级加权值和标准分值

安全等级	1	2	3	4	5
加权值	1.00	0.85	0.70	0.50	0.10
标准分值	0.900～1.000	0.800～0.899	0.600～0.799	0.400～0.599	<0.400
说明	很安全级	较安全级	一般安全级	较不安全级	不安全级

3) 评价指标体系各层权重的计算

(1) 目标准则层判断矩阵

表 5-19 目标层—准则层判断矩阵

指标	A	B	C	D
A	1	1/4	1/5	1/3
B	4	1	1/2	2
C	5	2	1	3
D	3	1/2	1/3	1

有关参数计算结果为：$\varpi_i = \sqrt[n]{\prod_{j=1}^{n} a_{ij}}$，$\varpi_1 = 0.3593$。

同理：$\varpi_2 = 1.4142$；$\varpi_3 = 2.3403$；$\varpi_4 = 0.8410$。

将 ϖ_i 归一化，并计算 $\omega_1 = \dfrac{\varpi_1}{\sum \varpi_i} = 0.0725$，$\omega_2 = 0.2855$，$\omega_3 = 0.4723$，$\omega_4 = 0.1697$。

判断矩阵的最大特征根 $\lambda_{\max}$，目标准则层次判断矩阵为 A，则有：

$$A\omega = \begin{bmatrix} 1 & 1/4 & 1/5 & 1/3 \\ 4 & 1 & 1/2 & 2 \\ 5 & 2 & 1 & 3 \\ 3 & 1/2 & 1/3 & 1 \end{bmatrix} \begin{bmatrix} 0.0725 \\ 0.2855 \\ 0.4723 \\ 0.1697 \end{bmatrix} = \begin{bmatrix} 0.2949 \\ 1.1509 \\ 1.9147 \\ 0.6873 \end{bmatrix}$$

$$\lambda_{\max} = \sum_{i=1}^{n} \frac{(A\omega)_i}{n\omega_i} = 4.051$$

在计算出 $\lambda_{\max}$ 后，可计算 CI，进行一致性检验：

$$CI = \frac{\lambda_{\max} - n}{n - 1} = 0.017$$

由表 5-18 得：$RI = 0.89$，因而有：

$$\frac{CI}{RI} = 0.019 < 0.1 \quad 通过一致性检验。$$

(2) $A - A_i$ 层判断矩阵计算

表 5-20 $A - A_i$ 层判断矩阵

A	A_1	A_2	A_3
A_1	1	7	4
A_2	1/7	1	1/3
A_3	1/4	3	1

计算有关结果为：$\omega_1 = 0.7049$，$\omega_2 = 0.0841$，$\omega_3 = 0.2110$；$\lambda_{\max} = 3.0323$；$CI = 0.0162$；$\dfrac{CI}{RI} = 0.0312 < 0.1$。

（3）$B - B_i$ 层判断矩阵计算

表 5 – 21　$B - B_i$ 层判断矩阵

B	B_1	B_2	B_3	B_4
B_1	1	1/7	1/3	2
B_2	7	1	5	6
B_3	3	1/5	1	4
B_4	1/2	1/6	1/4	1

结果为：$\omega_1 = 0.0928$，$\omega_2 = 0.6359$，$\omega_3 = 0.2079$，$\omega_4 = 0.0634$；$\lambda_{max} = 4.1852$；$CI = 0.0617$；$\dfrac{CI}{RI} = 0.069 < 0.1$。

（4）$C - C_i$ 层判断矩阵计算

表 5 – 22　$C - C_i$ 层判断矩阵

C	C_1	C_2	C_3	C_4	C_5
C_1	1	3	4	1/4	5
C_2	1/3	1	2	1/6	3
C_3	1/4	1/2	1	1/7	2
C_4	4	6	7	1	8
C_5	1/5	1/3	1/2	1/8	1

结果为：$\omega_1 = 0.2264$，$\omega_2 = 0.1057$，$\omega_3 = 0.0676$，$\omega_4 = 0.5563$，$\omega_5 = 0.044$；$\lambda_{max} = 5.1654$；$CI = 0.0414$；$\dfrac{CI}{RI} = 0.0369 < 0.1$。

（5）$D - D_i$ 层判断矩阵计算

表 5 – 23　$D - D_i$ 层判断矩阵

D	D_1	D_2	D_3	D_4	D_5
D_1	1	7	5	2	8
D_2	1/7	1	1/2	1/4	2
D_3	1/5	2	1	1/3	3
D_4	1/2	4	3	1	5
D_5	1/8	1/2	1/3	1/5	1

结果为：$\omega_1 = 0.5170$，$\omega_2 = 0.0679$，$\omega_3 = 0.1101$，$\omega_4 = 0.2613$，$\omega_5 = 0.0437$；$\lambda_{max} = 5.0789$；$CI = 0.0197$；$\dfrac{CI}{RI} = 0.0176 < 0.1$。

下面采用专家对各因素的情况进行打分，专家选取主要是天津地区码头方面的专家人员，各评价指标权重及专家打分情况见表 5 - 24。

表 5 - 24 临港石化项目通航环境安全影响模糊综合评价表

一级指标	权重	二级指标	权重	安全等级				
				很安全	较安全	一般安全	较不安全	不安全
自然条件影响指标 A	0.072 5	A_1	0.704 9	0.10	0.60	0.20	0.10	0
		A_2	0.084 1	0.20	0.50	0.20	0.10	0
		A_3	0.211 0	0.55	0.30	0.15	0	0
港口条件指标 B	0.285 5	B_1	0.092 8	0.30	0.50	0.10	0.10	0
		B_2	0.635 9	0.40	0.40	0.20	0	0
		B_3	0.207 9	0.10	0.10	0.20	0.40	0.20
		B_4	0.063 4	0.20	0.40	0.30	0.10	0
航道条件指标 C	0.472 3	C_1	0.226 4	0.05	0.30	0.50	0.10	0.05
		C_2	0.105 7	0.10	0.30	0.40	0.15	0.05
		C_3	0.067 6	0.30	0.40	0.30	0	0
		C_4	0.556 0	0.25	0.45	0.20	0.10	0
		C_5	0.044 0	0.30	0.50	0.10	0.10	0
交通条件指标 D	0.169 7	D_1	0.517 0	0.10	0.30	0.50	0.05	0.05
		D_2	0.067 9	0.20	0.40	0.30	0.10	0
		D_3	0.110 1	0.10	0.30	0.50	0.10	0
		D_4	0.261 3	0.10	0.25	0.45	0.15	0.05
		D_5	0.043 7	0.20	0.40	0.20	0.15	0.05

4）设立项目的通航环境安全模糊综合评判

（1）一级模糊评价

首先根据表 5 - 24 进行一级模糊评价：

$$U_1 = A \cdot R_1 = \begin{bmatrix} 0.704\ 9 & 0.084\ 1 & 0.211\ 0 \end{bmatrix} \cdot \begin{bmatrix} 0.1 & 0.6 & 0.2 & 0.1 & 0 \\ 0.2 & 0.5 & 0.2 & 0.1 & 0 \\ 0.55 & 0.3 & 0.15 & 0 & 0 \end{bmatrix}$$

$$= \begin{bmatrix} 0.203\ 3 & 0.528\ 3 & 0.189\ 4 & 0.078\ 9 & 0 \end{bmatrix}$$

同理可得：

$$U_2 = B \cdot R_2 = \begin{bmatrix} 0.315\ 7 & 0.346\ 9 & 0.197\ 1 & 0.098\ 8 & 0.041\ 6 \end{bmatrix}$$

$$U_3 = C \cdot R_3 = \begin{bmatrix} 0.194\ 4 & 0.399\ 0 & 0.291\ 4 & 0.098\ 5 & 0.016\ 6 \end{bmatrix}$$

$$U_4 = D \cdot R_4 = \begin{bmatrix} 0.111\ 2 & 0.298\ 1 & 0.460\ 2 & 0.089\ 4 & 0.041\ 1 \end{bmatrix}$$

（2）二级模糊评判

利用上述评判结果，现在进行二级模糊评判：

$$W = U \cdot R = \begin{bmatrix} 0.072\,5 & 0.285\,5 & 0.472\,3 & 0.169\,7 \end{bmatrix} \cdot$$

$$\begin{bmatrix} 0.203\,3 & 0.528\,3 & 0.189\,4 & 0.078\,9 & 0 \\ 0.315\,7 & 0.346\,9 & 0.197\,1 & 0.098\,8 & 0.041\,6 \\ 0.194\,4 & 0.399\,0 & 0.291\,4 & 0.098\,5 & 0.016\,6 \\ 0.111\,2 & 0.298\,1 & 0.460\,2 & 0.089\,4 & 0.041\,1 \end{bmatrix}$$

$$= \begin{bmatrix} 0.215\,6 & 0.376\,4 & 0.285\,7 & 0.095\,6 & 0.026\,7 \end{bmatrix}$$

根据计算结果，采用表 5 – 18 的危险等级加权标准值，可以计算出模糊综合评价的标准分值为：

$1 \times 0.215\,6 + 0.85 \times 0.376\,4 + 0.7 \times 0.285\,7 + 0.5 \times 0.095\,6 + 0.1 \times 0.026\,7 = 0.786$

计算结果表明，该设立码头的通航环境为 3 级安全等级，为一般安全级别，码头设立后的有关通航环境的安全管理不容忽视。从有关一级指标权重因素可知，航道条件的影响最大，在石化码头运营过程中，需要加强航道方面的管理。从二级指标有关权重可知，船舶航行的能见度、前沿水深、航道的水深和交通流量对船舶通航安全的影响最大，而航行中的能见度受天气影响因素条件不可控，前沿水深、航道水深是船舶航行的基础条件，石化码头设立所在海域的水深要能满足设计吨位船舶航行条件，没有达到的区域，要进行疏浚挖深来保证，在运营后，对石化码头进出船舶的交通流量的控制是影响通航环境安全的关键因素，还需重视交通流量的安全管理。

由上可知，采用层次分析和模糊评判法相结合的方法体系，对海域部分的通航环境安全状况进行了系统评价，可为临港石化项目所在海域部分科学安全规划提供支持，并为有关行政部门对项目安全规划的合理性作决策提供参考。

5.3　石化项目设立应急最优路径与选址规划研究

在发生安全事故时，应急路径和应急服务点的合理安排是实现应急救援和人员疏散的关键一环，在临港石化项目设立时，有必要对有关疏散路径和应急服务点选址进行科学规划。应急路径的最优路线，需满足遍历各事故点路径距离最短，属一个求最优路径问题；同时，一定区域内应急服务点的最优位置，需满足到达各事故点的距离最短，属一个求区域的中心点问题。最优路径和应急服务点选址问题的解决，是石化项目进行科学安全规划的一个前提。

5.3.1　算法的选择

蚁群算法是一种智能仿生优化算法，主要是以蚂蚁觅食行为来进行模拟，在这些年来得到快速发展。算法采用了一种正反馈以及并行自催化的运行机制，在解决许多优化问题方面具有优异的性能和发展潜力[148 - 149]。本文将采用蚁群算法来实现有关最优路径的规划。

1）蚁群算法

据有关仿生学者的长时间研究表明：蚂蚁的运行只是靠在运行过的路径上释放一种特

殊信息素（实际就是一种分泌物）来找到前进的道路。当在没有经过的路口时，先随机选择一条路径前进，每前进一步的路径中，将释放分泌物在经过的路径上，但分泌物的浓度将随着所经路径的长度变化而发生变化，经历的路径越长，释放的分泌物的浓度将越低，信息量也就越少。当后来的蚂蚁经过此路口时，依据前面的分泌物的浓度来确定需要选择的方向，浓度高的路径被选中的概率也就大，形成了一种正反馈。以此继续下去，在最短的路径上，将因为分泌物的浓度越高，被选中的可能性越大，其他路径的分泌物浓度较少而不能被选中，并且，分泌物还将随时间的流逝而逐渐消逝，最后蚁群寻到了一条最短的也就是最优路径。同时，蚁群还可因为环境发生变化而进行调整，在遇到障碍物的时候，蚁群将重新寻找，最后找到最短路径。在这个实现的过程，整个选择的过程是通过信息素的作用来使蚁群行为具有非常好的自组织性。下面运用如图5－18来形象说明蚁群的寻优过程。

设点 A 为蚁巢位置，D 为食物点源，EF 为障碍物，蚂蚁要从 A 点到达 D 点，必须要经过障碍物，选择的路径有两条：A－B－E－C－D 或 A－B－F－C－D，各点的距离如图5－18（a）所示，假设每个时间单位有30只蚂蚁从 A 点到 D 点，有30只蚂蚁从 D 点到 A 点，留下的信息量为1。下面不妨假设信息素停留的时间为1。在开始时间，各路径均无信息存在，两端的蚂蚁可以随机的选择路径，且每条路径被选中的概率是相同的，见图5－18（b）。经过一段时间后，在路径 BFC 上的信息量将是 BEC 上的2倍，在经过一段时间后，将有20只蚂蚁从 BFC 到达 D 点，见图5－18（c），随着时间的移动，选择 BFC 的概率将越来越大，最终将完全选择最短路径 BFC。

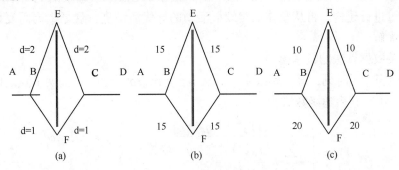

图5－18　蚁群寻优的实现过程

（1）蚁群算法的机制原理

由此可以知道，蚁群算法的寻优主要涉及了两个阶段：开始是适应阶段，然后就是协作阶段。在第一阶段，各候选的路径将根据有关现有累计的信息浓度来进行调整，若在此路径上的蚂蚁数量越多，信息浓度将越高，被后面蚂蚁选择的概率也越高，长此下去，信息浓度将随时间的变化而减小；在第二阶段时，候选路径解主要是靠信息交流，以实现类似学习机制的最优解。蚁群算法作为一种智能型多主体的系统机制，在实现过程中可不需对所求问题的各个方面进行详细了解，是在没有外在力量干预下的系统熵的动态增加的过程，并实现从无序到有序的一个动态变化过程，其逻辑形式为如图5－19所示。

由上可知，有关具体的优化问题要先表达成规范形式，算法将根据有关信息素的浓度

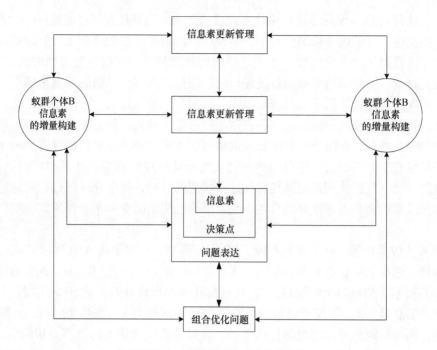

图 5 - 19 蚁群算法的逻辑形式

来进行"搜索"和"利用"来达到确定决策点，同时还依据信息素的更新来对蚂蚁个体信息素的增量进行建构，再从整体上对蚁群活动的寻优活动进行规划，周而复始，得到有关问题的最优解。

（2）有关蚁群算法的数学模型

假设现为某一 t 时刻，某一蚂蚁 k，需从节点 i 出发到节点 j，而两节点之间的状态转移概率为 $p_{ij}^k(t)$，其表达函数式为：

$$p_{ij}^k(t) = \begin{cases} \dfrac{[\tau_{ij}(t)]^\alpha \cdot [\eta_{ij}(t)]^\beta}{\sum\limits_{s \in allowed_k} [\tau_{is}(t)]^\alpha \cdot [\eta_{is}(t)]^\beta}, & 若 j \in allowed_k \\ 0, & 若 j \notin allowed_k \end{cases} \qquad (5-26)$$

式中，$allowed = \{V - tabu_k\}$ 为蚂蚁 k 即将进行允许下一步进行选择的节点；α 为对信息素的相对重要性的一种启发式因子；β 为一种期望启发式的因子，指蚂蚁在运动过程中，相关启发信息素在路径选择中被受重视的程度因子；$\eta_{ij}(t)$ 为关于路径信息的启发函数，用下式表示。

$$\eta_{ij}(t) = \frac{1}{d_{ij}} \qquad (5-27)$$

式中，d_{ij} 表示路径 $\langle i,j \rangle$ 的两点之间的距离函数。

由式（5-27）可知，启发函数与路径距离函数之间是互为一种倒数关系，路径越长，启发性越差。在蚂蚁实际的行进过程中，每只蚂蚁走完一步后，都将要对残留启发信息进行一次更新，直至完成所有的节点访问。假设在某时刻 t 路径 $\langle i,j \rangle$ 的信息素浓度为

$\tau_{ij}(t)$，则在下一时刻 $t+1$ 路径上的信息素浓度将变为：

$$\tau_{ij}(t+1) = (1-\rho)\tau_{ij}(t) + \sum_{k=1}^{m} \Delta\tau_{ij}^{k}(t) \quad (5-28)$$

式中，ρ 为信息素挥发系数，$\rho \in [0,1)$；$1-\rho$ 为残留信息素的重要性大小；$\Delta\tau_{ij}(t)$ 为从 t 至 $t+1$ 路径 $\langle i,j\rangle$ 上信息素浓度的变化增量；$\Delta\tau_{ij}^{k}(t)$ 为第 k 只蚂蚁相应的增加信息浓度值。

Dorigo M 提出了 3 种蚁群算法模型：Ant – Cycle 模型、Ant – Quantity 模型和 Ant – Density 模型。

①Ant – Cycle 蚁群算法模型：

$$\Delta\tau_{i,j}^{k}(t,t+n) = \begin{cases} \dfrac{Q}{L_k} & \text{边}(i,j) \text{ 在蚂蚁 } k \text{ 的路径上} \\ 0 & \text{否则} \end{cases} \quad (5-29)$$

式中，Q 为每只蚂蚁所释放的信息素浓度总量；L_k 为第 k 只蚂蚁的路径总花费。

②Ant – Quantity 模型：

$$\Delta\tau_{i,j}^{k}(t,t+n) = \begin{cases} \dfrac{Q}{d_{ij}} & \text{边}(i,j) \text{ 在蚂蚁 } k \text{ 的路径上} \\ 0 & \text{否则} \end{cases} \quad (5-30)$$

③Ant – Density 模型：

$$\Delta\tau_{i,j}^{k}(t,t+n) = \begin{cases} Q & \text{边}(i,j) \text{ 在蚂蚁 } k \text{ 的路径上} \\ 0 & \text{否则} \end{cases} \quad (5-31)$$

上述模型中，Ant – Quantity、Ant – Density 模型只是利用局部信息，蚂蚁每完成一步后将更新路径上的信息素；而 Ant – Cycle 模型将利用整体信息，蚂蚁每完成一个循环之后，将及时更新所有路径上的信息素。我们通常利用 Ant – Cycle 模型作为蚁群算法的基本模型，所得的效果较好些。

在有关程序运行的相关参数的设置时，ρ、α、β、Q、m 等的选取都将直接影响到整个程序运行结果的全局的收敛性和求解效率。对此，学术界进行诸多卓有成效的研究，并取得了良好的结果[148-150]，经验结果为：

$$0 \leqslant \alpha \leqslant 5, 0 \leqslant \beta \leqslant 5, 0.1 \leqslant \rho \leqslant 0.99, 10 \leqslant Q \leqslant 1\,000$$

段海滨等通过对 α、β、ρ 组合配置对蚁群算法性能影响的研究，得出 Ant – Cycle 模型中最佳参数配置为：$\alpha=1$，$\beta=5$，$\rho=0.5$。

（3）蚁群算法的实现程序步骤

蚁群算法在计算机中具体实现步骤：按图 5 – 20，算法先后流程为：开始时刻 t 为 0，而循环次数 N_c 也相应为 0（最大循环次数用 $N_{c_{\max}}$ 来表示），开始信息素浓度 $\Delta\tau_{ij}(0)=0$；每循环一次，次数就增加 1，禁忌表中的 k 为 1，蚂蚁的数量相应增加 1；某一蚂蚁将根据有关状态概率函数来计算选择的概率大小，并因此确定下一结点；蚂蚁进入新的结点，该结点也相应加入该蚂蚁的禁忌表，实现对禁忌表进行修改；若所有结点还没有行走完毕（$k<m$），将返回，并更新各路径的信息素浓度；直至 $N_c \geqslant N_{c_{\max}}$ 时，循环结束，否则将对禁忌表进行清空并转至第 2 步再运行。

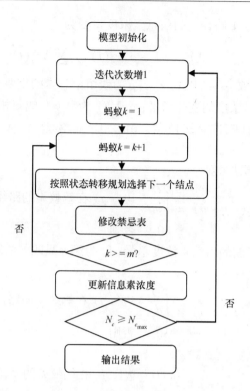

图 5-20　蚁群算法程序结构实现流程

2)　自适应蚁群算法

在蚁群算法的实际运用过程中，发现了一些不足之处，在蚁群算法寻优的适应和协作两个阶段，在第一阶段适应阶段，各候选路径将依据积累的有关信息在过程中不断进行调整结构，所选路径的蚁群数量越大，分泌物的信息素浓度也就越大，被选中的概率也越大，假如路径越长，所耗时间也将越长，信息浓度也就越低，被选中的概率也越小。到第二阶段时，各种候选的路径解之间交流信息，以便得到更佳的路径。蚁群算法将信息的正反馈和启发两原理相结合，启发是在构建解时，利用随机策略将使前进的速度减小，正反馈则是通过强化较优解，这样算法就容易造成停滞现象出现。鉴于这个原因，得先改进有关策略的选择，利用确定性和随机性两种选择相结合，在选择过程中动态调整。当进化到一定时期后，选择的路径方向将基本确定下来，此时再对路径的信息量动态调整变化，以减少最优路径和最次路径的信息浓度的区别过大，与此同时，还要对随机选择的概率加大并以便于对最优路径解更充分的搜索，这种在原有算法的基础上进行了调整，称为自适应蚁群算法[151-153]。

蚁群算法处理一些大规模寻优问题时，有关信息挥发因子 ρ 将影响寻优过程的全局搜索能力以及收敛的快慢，而自适应算法将调整此因子的值以改善整个寻优的搜索能力，可避免产生局部最优解。考虑这些因素，自适应算法将蚁群算法进行适当的调整如下[154]：① 对每一次的寻优循环之后，所得到的最优路径解，将予以保留；② 寻优过程中自适应地变更挥发因子的 ρ 值，在对于规模庞大的路径时，挥发因子的存在将使那些未能搜索到的路径的信息量逐渐减少乃至接近 0，这样就影响了算法的全局搜索能力，但 ρ 过大了，也会对全局的搜索能力产生影响，这时需将挥发因子减少以使算法收敛速度减小。

挥发因子 ρ 自适应地改变其值的方法为：对 ρ 的初值进行设置 $\rho(t_0)=1$，当出现求出的最优解在循环 N 次内没有明显改进的情况下，ρ 减为：

$$\rho(t)=\begin{cases}0.95\rho(t-1) & \text{若 }0.95\rho(t-1)\geqslant\rho_{\min}\\ \rho_{\min} & \text{否则}\end{cases} \tag{5-32}$$

式中，$\rho_{\min}$ 为 ρ 的最小值，主要用来防止 ρ 过小情况下降低算法的收敛速度。

针对运算过程中的停滞和得到局部最优的情况，自适应动态调整分泌物信息素的浓度蚁群算法将有效地对搜索的空间扩大，减少产生局部最优解的可能，并因此来提高全局搜索能力。这里可以采用 Ant – Cycle 模型，此模型可更新有关信息素。

$$\Delta\tau_{i,j}^k(t,t+n)=\begin{cases}\dfrac{Q}{L_k} & \text{边}(i,j)\text{ 在蚂蚁 }k\text{ 的路径上}\\ 0 & \text{否则}\end{cases} \tag{5-33}$$

式中，Q 为单蚂蚁在路径上分泌物的信息素浓度量；L_k 为第 k 只蚂蚁在前进路径上的花费。

在动态自适应调整信息素的蚁群算法中，我们采用时变函数 $Q(t)$ 来取代式（5 – 31）中的常数项 Q：

$$\Delta\tau_{i,j}^k(t,t+n)=f(t)=\begin{cases}\dfrac{Q(t)}{L_k} & \text{边}(i,j)\text{ 在蚂蚁 }k\text{ 的路径上}\\ 0 & \text{否则}\end{cases} \tag{5-34}$$

此时状态转移概率公式将出现如下两种情况。

启发因子 α 为 0 时，此时只有路径信息在起作用，算法将对最短路径寻优，并有：

$$p_{ij}^k=\eta_{ij}^\beta(t) \tag{5-35}$$

当期望启发式因子 $\beta=0$ 时，此时将出现路径的启发信息为 0，这个时候将出现盲目地随机寻找，并有：

$$p_{ij}^k=\dfrac{\tau_{ij}^\alpha(t)}{\sum\tau_{is}^\alpha(t)} \tag{5-36}$$

这里采用时变函数 $Q(t)$ 来取代常数 Q，在路径上的分泌物信息素将出现或增或减的现象，此时将在随机搜索和信息启发之间寻求一种平衡，使用下面的递阶函数为：

$$Q(t)=\begin{cases}Q_1, & \text{若 }t\leqslant T_1\\ Q_2, & \text{若 }T_1<t\leqslant T_2\\ Q_3, & \text{若 }T_2<t\leqslant T_3\end{cases} \tag{5-37}$$

式中，Q_i 针对上述递阶函数的不同来取值；$Q(t)$ 可选择如图 5 – 21 所示的连续函数。

假如在经过一段时间后得到的最优路径解仍没发生什么变化，此时很可能表明搜索中已陷入了一个局部的最优的状态，而此时得到的极值可能不是全局的最优路径解，这种情况下，可使用强制机制来减少那些需增加的信息的数量，实际就是减少时变函数 $Q(t)$，目的就是将其从局部最优中逃脱出来。蚁群算法中，在搜索的开始阶段，为避免陷入局部最优解，为达到对最优路径和最次路径的信息量之间差距的减小，需对算法的正反馈机制进行限制，采用的方式就是在搜索中增加少许量的负反馈信息，例如将 $Q(t)=-0.0001$，因此而

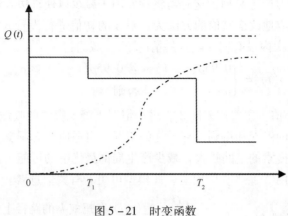

图 5-21　时变函数

增加了算法的搜索范围，鉴于分泌物信息的正反馈机制和信息素在时间的变化中有衰减的两种情况存在，当进入局部最优的情况下，某信息素因为具有较其他路径信息数量上的绝对优势，本算法采用对各路径上的信息量进行最大和最小值的限制，对 $\forall \tau_{ij}(t)$：

$$\text{fphrm\_ min} \leqslant \min_{t \to \infty} \tau_{ij}(t) = \tau_{ij} \leqslant \text{fphrm\_ max}(i,j \in [1,\cdots,n]) \qquad (5-38)$$

3）蚁群算法的优越性

系统学家 Bertalanffy L. V. 对系统的定义认为，系统实际就是由确定的具一定关联关系并和外界环境之间发生联系的各种组成要素的一个组合体。要素之间发生相互作用而整个系统又对其元素产生作用，可表述为：

某对象 S 需满足下列条件：S 至少需由两个不同的对象要素组成；S 的对象必须根据一定的联系方式在一起。S 即为系统，而对象个体就是元素。

根据上述定义条件，在现实中的蚁群实则就构成一个完整的系统，具备一定的关联性、整体性和多元性。蚁群中每只蚂蚁的行为构成系统的元素，蚁群行为那种关联性实则就是系统的相关性，模仿蚁群这种寻优过程的算法也构成一个系统，运用了多个元素来得到最优路径，这个任务的完成不是靠某单独的蚂蚁能完成，是靠一个系统整体的功能来完成的，体现了整体功能大于部分功能之和的原理。具体的优越性体现为：

（1）计算的分布式

任何一个生命系统都具备一个分布式特征，使生命体拥有更强大的适应力。当生命体某单独一个元素停止活动后，但不会影响系统整体功能的正常运转，这就是一种分布式的强适应。蚁群算法是对蚁群觅食行为的仿真抽象模拟，也具有分布式的原理，单独的蚂蚁在整个空间解中又在相互独立地构造新解，整个问题的求解不因某单独一个解没获成功而影响整体。在对大规模复杂问题的求解时，从某个点出发寻求最优时可能因局部空间的限制，导致产生了局部最优解，但蚁群算法可作为一种分布式的智能系统，对空间解的多个独立解进行搜寻，可使算法具备更强的全局搜索能力，从而提高了可靠性。

（2）自组织性

目前常见的仿生智能算法有很多，像遗传算法、微粒群算法、人工免疫算法、神经网络算法等都拥有较好的自组织性能，蚁群算法也是如此，自组织性依赖来自系统内部的组织力或命令来完成，系统在时空或功能的结构获得过程中，如果没外界力量的干扰，则此系统就具自组织性。自然界典型的例子就是蚂蚁和蜜蜂等昆虫，群体的协作能力很强，在它们的群体中，个体之间相互作用、相互协作来完成群体的任务，具很强的自组织性特征。实质上，这种自组织性就是系统在没有外界干扰下的熵增加的一个过程，开始从无序，逐渐变成有序的一个过程。先由某单个体的无序寻找，经一定时间变化后，蚁群将趋向某一些最优解。另外，增加了算法的鲁棒性能，一些算法的运用都是针对某个实际具体的情况而设计，但对其他问题而不能适应，蚁群算法可因为不需对所求解的各个方面认识，能比较好地运用到各种类似问题中。

（3）正反馈性

正反馈体现系统中现在的某个行为能力将加强作用于未来行为的选择，蚁群算法的实现过程体现了一种正反馈，最优路径的选择，也主要因为是最优路径分泌物信息量的累积，这种累积体现了一种正反馈过程。在算法实现的过程中，因为较短路径上的分泌物信息量多，被后面蚂蚁选择的可能性大些，在这些较优解的对比和选择过程，就是正反馈的作用，使得初始值的增加，将系统也同时推向了最优解。当然，系统中还含有负反馈的机制，单一的正反馈将无法实现系统的调整和更新，从而也不能实现系统的自我组织能力，也需要一些负反馈作用，蚁群算法中也含有负反馈机制，在解的构造期间，因为概率搜寻技术，对最优解的产生增加了其随机能力，这种随机将使系统的寻优能力受到一定限制，对搜索的范围在某时间段需足够大。正反馈作用将使搜索最优解的范围缩小并同时推进最优解的产生，而负反馈则是对搜索最优解的过程中产生过早地产生不佳结果，正因为这两者的相互作用，使得产生最后的寻优路径。

5.3.2　石化项目应急路径规划研究

石化项目应急路径在规划时，如何保证最快地到达应急地点，或达到应急地点的时间最短，以保证相关人员和财产的安全，应急路径和人员疏散的最优路径的合理规划显得非常重要，下面将结合蚁群算法寻优的特性，将蚁群算法寻找最短路径的原理运用到应急路径的规划；同时，在应急路径因发生事故而不能使用的前提下，对如何寻找最优疏散路径进行探讨。

1）应急最优路径模型建立与仿真

运用蚁群算法成功解决了经典的 TSP（旅行商）问题为我们提供了进行石化项目设立进行应急路径规划的思路。TSP 的简单形象描述是：在给定 n 个城市的前提条件下，某个旅行商从某一个城市出发，访问各城市一次且仅有一次后再回到原来出发点，要求找出一条最短的访问路径。类似，在进行石化项目安全规划时，各有关储罐功能区进行布置时，要允分合理安排在实际生产运营中如何进行救援和相关人员的逃生路径，不管是救援还是逃生，时间就是生命，最短的时间赶到现场或逃离现场，这实际就是一个最短路径的选择问题[155-156]。

（1）TSP 旅行商问题的解决思路

TSP 问题是一个很古老的问题，有时也被称为货郎担问题，最早记录于 18 世纪 50 年代末欧拉研究的骑士周游问题，研究的对象是象棋棋盘中的棋格 64 个方格，要求走访每个格且仅访问一次。20 世纪 40 年代，在美国的南德公司推动下，TSP 成为一知名且流行的问题，并后来被证明是一种 NP 难题。

简单描述一下 TSP 问题：给定 n 个城市记为：$r_1, r_2, \cdots, r_n$，两两城市之间直达距离记为 $d(r_i, r_j)$，需寻找一闭合旅程，使得每个城市被访问一次且旅行路径最短，实质就是寻找一个旅行路径 $R = (r_1, r_2, \cdots, r_n)$，使得如下公式的目标函数值为最小[157-158]。

$$f(R) = \sum_{i=1}^{n-1} d(r_i, r_{i+1}) + d(r_n, r_1) \qquad (5-39)$$

图论语言可以表述为：记 $G = (V, E)$ 为赋权图，在一个赋权图中，找出一个最小权的哈密顿圈。$V = \{1, 2, \cdots, n\}$ 为顶点集，各顶点间距离为 d_{ij} 已知，（ $d_{ij} > 0$，$d_{ii} = +\infty$，$i, j \in V$ ）：

$$x_{ij} = \begin{cases} 1, & \text{边}(i,j) \text{ 在最优线上} \\ 0, & \text{其他} \end{cases} \qquad (5-40)$$

TSP 的数学模型可写成线性规划形式如下[159]：

$$\min Z = \sum_{i \neq j} d_{ij} \cdot x_{ij} \qquad (5-41)$$

$$\text{s. t.} = \begin{cases} \min Z = \sum_{j \neq i} x_{ij} = 1 \\ \min Z = \sum_{i \neq j} x_{ij} = 1 \\ \sum_{i,j \in S} x_{ij} \leqslant |S| - 1 \\ x_{ij} \in \{0, 1\} \end{cases} \qquad (5-42)$$

在式（5-42）中，$|S|$ 为集合 S 中所含图 G 的顶点个数。式（5-40）和式（5-41）是对每个顶点来说，仅有一条入边和一条出边，后面约束条件是为能够确保没有任何的子回路产生。

（2）石化项目应急路径蚁群算法仿真实现

现有某一设立的石化项目，项目范围内部功能区块有：办公场所、成品油组罐区、原油组罐区、化工品组区、通向前沿海域码头区、装卸区等，在各功能区域代表性地选取 1 至 2 个点作为应急点，共选取 20 个点，点的坐标如表 5-25 所示，现要规划一条应急路径，使得路程最短、时间最少。

表 5-25　选取点坐标表

编号	1	2	3	4	5	6	7	8	9	10
横坐标	12.5	18	15.5	19	15.6	4	10.5	8.5	12.5	14
纵坐标	8.5	3.5	16.5	15	11.5	10.5	7.5	8.4	2.1	5.2
编号	11	12	13	14	15	16	17	18	19	20
横坐标	6.7	15	18	17.5	7.5	0.2	12	13	6.5	9.7
纵坐标	17	2.5	8.8	11	1	3	19.5	15	5.5	15

通过 MATLAB 软件运行仿真，具体最优路径结果有 4 条：

1 - 10 - 9 - 12 - 2 - 13

1 - 14 - 4 - 3 - 5

1 - 8 - 6 - 19 - 7

1 – 20 – 11 – 17

最短路径优化结果和各次迭代 m 只蚂蚁的平均距离和最短距离结果如图 5 – 22 所示。

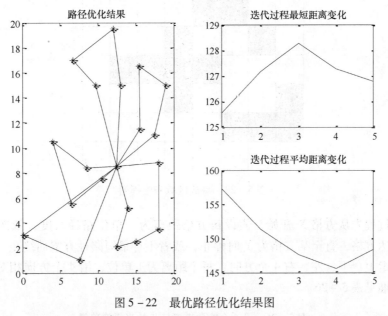

图 5 – 22　最优路径优化结果图

将蚁群算法解决旅行商问题的解决思路运用于石化项目的应急路径规划，较好地模拟了有关最优应急路径仿真模拟图，可对石化项目的应急路径规划提供参考，并为完善有关石化项目的安全规划技术手段提供借鉴。

2) 人员疏散最优路径模型建立与仿真

石化项目危险区域有关人员在发生安全事故后，正确的疏散指挥是避免和减少人员伤亡的关键，疏散路径的选择是进行正确疏散指挥的前提条件，对有关危险区域在发生紧急事故后如何进行疏散进行探讨，可为应急路径的规划起参考作用。疏散路线的选择就是要确定将受灾区域的相关人员从受灾地点转移到安全地带的路线图，事故一旦发生后，如何在很短时间内寻求一条最优路径来疏散到安全区域，是一项非常关键的工作。在事故死亡区内，将有 30 min 转移时间，超过这个时间，人员将死亡，这种情况下，时间就是生命，最短疏散路径的选择至关重要。当处于危险区域的相关人员，可选择的避难方式有就地避难或选择疏散，对于石化项目的情况，一般不提倡就地避难，应该选择事故进一步扩大之前进行紧急疏散，而且还可能原有的应急路径因为事故原因而不能使用，如何结合有关控制理论技术，考虑项目的实际情况和布局，寻找一条最佳的逃生路径[160 – 162]。

首先先建立有关项目模型，对一个石化项目区域，可以依其总平面布局情况，将所在区域分成 $m \times n$ 方格，对于一个实际的化学工业区，我们可以根据化学工业区的总布置面积大小和计算机的处理能力，将化学工业区域分成 $n \times m$ 个方格。根据事故实际情况，对有关不适合人员通过的区域做灰色标记，表示不允许人员通过区域。现有一项目分成 7×8 方格阵列，如图 5 – 23 所示，灰色方格为事故区域，不允许人员通过，受灾人员位于 X 区域方格处，安全区域是方格 Y 处，需寻找一条从 X 到 Y 的疏散最短路径。

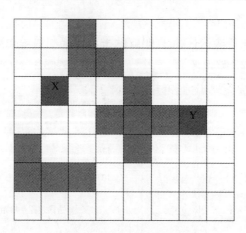

图 5 - 23　事故区域方格阵列

寻优的过程先从方格 X 开始，假设每方格距离为 1 单位路径长度，依次标示距离为 2、3，等可达方格，直至某方格为 Y 时停止，或者不存最短路径方案而终止。每个方格的行进只能是走上、下、左、右 4 个方向，每个距离为 1 单位，沿 4 个方向相对于当前方格的偏移量标准见表 5 - 26。

表 5 - 26　沿 4 个方向前进一步的当量偏移量

搜索顺序 i	方向	行偏移量	列偏移量
0	下	1	0
1	右	0	1
2	上	-1	0
3	左	0	-1

从起始方格 X（位置 [3，2]，标记为 0）出发，按照下、右、上、左的方向依次考查，所标记的可达方格如图 5 - 24 所示，目标方格为 Y（位置 [4，7]，标记为 10），相应的最短逃生路径如图 5 - 25 虚线所示。

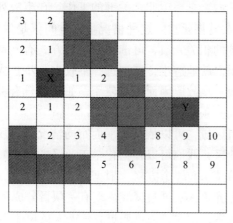

图 5 - 24　标记距离结果图

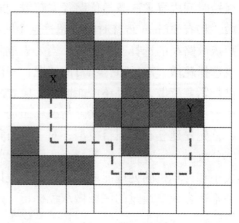

图 5 - 25　最短逃生路径

上述对发生安全事故区域的应急疏散路径的选择进行的模拟，可为现场应急指挥安排最优疏散路径规划提供技术指导，并对项目设立进行科学安全规划提供借鉴和参考。

5.3.3 石化项目应急服务点选址优化研究

临港石化项目进行应急服务点的选址问题的解决常用方法是 Hakimi S. L. 开创的网络选址，通过确定绝对中心的位置来确定选址，但该法计算复杂，本义利用最小距离矩阵和最优路径矩阵（$p=1$）确定绝对中心的方法来进行应急服务点选址，操作方便且结果直观[164-165]。

1）问题描述

石化项目区域内由诸多的功能单位组成，如果将它们看成网络中的顶点，发生事故的频率作为顶点的权重，有关连接各顶点的道路看成网络中的弧，这个应急问题实际就是一个无向赋权图[166-168]。

下面假设某一无向连接网络为 $G=(V,E)$，其中 $V=\{v_1,v_2,\cdots,v_n\}$ 为 G 的点集，$E=\{e_1,e_2,\cdots,e_n\}$ 为连接 G 各点间的弧集，$b(e_i)$ 为弧 e_i 的长度。如果弧 e_i 连接顶点 v_p 和 v_q，那么弧 e_i 可以表示成 $e_i=(v_p,v_q)$，$b(e_i)$ 可以表示成 $b(e_i)=b(v_p,v_q)$。G 中任意 x、y 两点，$d(x,y)$ 为两点间的最短路径。弧 $e_i=(v_p,v_q)$ 上某点 x 到顶点 v_i 的距离的计算公式：

$$d(v_i,x)=\min\{d(v_i,v_p)+d(v_p,x),d(v_i,v_q)+d(v_q,x)\}$$

令 $d(v_p,v_q)=b_j$，$d(v_p,x)=x$；则 $d(v_q,x)=b_j-x$，那么上式转化为：

$$d(v_i,x)=\min\{d(v_i,v_p)+x,d(v_i,v_q)+b_j-x\} \tag{5-43}$$

上述问题实际就转化为以下数学模型：

$$\min_{1\leqslant i\leqslant n}\max d(v_i,x) \quad x\in G \tag{5-44}$$

下面先介绍几个概念：

绝对中心：网络中有某一个点，能满足各需求点到该点的最大距离最小，这个点为网络的绝对中心。模型（5-44）的实质就是要求该网络中的绝对中心。

绝对半径：就是绝对中心到达各最远顶点的最短距离。可用数学模型表示为下式：

$$\min_{x\in G}\max_{1\leqslant i\leqslant n}d(v_i,x)=\max_{1\leqslant i\leqslant n}d(v_i,x_0)=r(x_0) \tag{5-45}$$

2）问题的实现

（1）实现过程

对一个网络图中，讨论在网络中寻找 个绝对中心点（$p=1$）问题，假如给定网络 G 中，可得到距离矩阵 A，可求得最小距离矩阵 S 和最优路径矩阵 P。

$$A=\begin{bmatrix} 0 & l(v_1,v_2) & l(v_1,v_3) & \cdots & l(v_1,v_n) \\ & 0 & l(v_2,v_3) & \cdots & l(v_2,v_n) \\ & & 0 & \cdots & l(v_3,v_n) \\ & & & \cdots & \\ & & & & 0 \end{bmatrix} \tag{5-46}$$

式中，$l(v_i, v_j)$ 为 v_i 与 v_j 之间有连接线时 v_i 与 v_j 的距离，假如没有连接时，$l(v_i, v_j)$ 为 ∞，矩阵 A 为对称矩阵，包括了图 G 中所有的信息。

$$S = \begin{bmatrix} 0 & d(v_1,v_2) & d(v_1,v_3) & \cdots & d(v_1,v_n) \\ & 0 & d(v_2,v_3) & \cdots & d(v_2,v_n) \\ & & 0 & \cdots & d(v_3,v_n) \\ & & & \cdots & \\ & & & & 0 \end{bmatrix} \qquad (5-47)$$

$d(v_i, v_j)$ 表示 v_i 与 v_j 之间的最短距离，该矩阵是对称矩阵。

$$P = \begin{bmatrix} 0 & p(v_1,v_2) & p(v_1,v_3) & \cdots & p(v_1,v_n) \\ p(v_2,v_1) & 0 & p(v_2,v_3) & \cdots & p(v_2,v_n) \\ p(v_1,v_3) & p(v_3,v_2) & 0 & \cdots & p(v_3,v_n) \\ \cdots & \cdots & \cdots & \vdots & \cdots \\ p(v_n,v_1) & p(v_n,v_2) & p(v_n,v_3) & \cdots & 0 \end{bmatrix} \qquad (5-48)$$

其中，$p(v_i, v_j)$ 表示 v_i 与 v_j 之间的最优路径，有时两点间会有两条以上的最优路径。

S 矩阵中的第 i 列 R_i 中的各元素表示 G 中各个顶点到达顶点 i 的距离最短，对于这个局部，可在顶点 v_i 和通向其他各顶点连线上找到一个点，使该点到离其最远的点的最大距离最小，这个点为局部中心，值相应为局部中心半径。

$$R_i = (d(v_1,v_i), d(v_2,v_i) \cdots 0, d(v_n,v_i))^T \qquad (5-49)$$

一般情况下，向量 R_i 中距离最大值不是局部半径，相应的顶点也不是局部中心点，但可以考虑各顶点是选址点的局部中心和局部半径，真正的局部中心点往往在顶点之间的连线上，对图 G 中各顶点的局部半径，其最小者为图 G 的绝对半径，其相对应的局部中心就是绝对中心。每个形型网络的路径都是由最优路径矩阵 P 对应向量 P_i（6-20）中各元素决定。这些元素分别表示顶点 v_i 至各顶点的最短距离所走的路径，而对于最优路径不止一条的可按不同路径分别进行。

$$P_i = (p(v_1,v_i), p(v_2,v_i), \cdots, p(v_n,v_i))^T \qquad (5-50)$$

现有以 v_i 为中心的星型网络结构图（图 5-26），为表示方便，下面采用了一些符号表示：v_i 是向量 R_i 中的中心顶点；v_f 为 R_i 中最大元素，是距离 v_i 最远的点；v_{ff} 为 R_i 中不在 v_i 和 v_f 最优路径上最远点；而 v_{fff} 为不在 v_i、v_f 以及 v_i、v_{ff} 中的最优路径上最远点；v_x 为备选地址点；v_{fj}、v_{ffk}、v_{fffl}（$j=1, 2, \cdots, k=1, 2, \cdots, l=1, 2, \cdots,$）是到最远点经过的各顶点。

以 v_i 为中心的星型网络，有以下几个结论：

①对顶点 v_i，局部半径只由 v_f 和 v_{ff} 间的距离来确定，与至其他距离无关，且满足下面公式：

$$r_i = (d(v_{ff}, v_i) + d(v_i, v_f))/2 \qquad (5-51)$$

$$d(v_{ff}, v_i) \geq d(v_i, v_f) \qquad (5-52)$$

$$d(v_i, v_f) \geq d(v_{fff}, v_i) \qquad (5-53)$$

由此可知，对于每一列，可以求出一个局部半径，而绝对半径为其中最小的，该半径

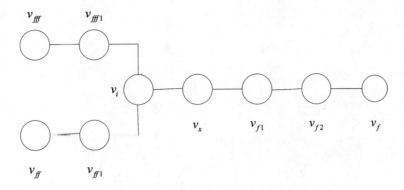

图 5-26 以 v_i 为中心的星形网络图

对应的局部中心就为绝对中心：

$$r = \min(r_1, r_2, r_3, \cdots, r_n) \tag{5-54}$$

② 选址地点 v_x 由 v_i 向 v_f 移动时，该点右面的各点至选址点的距离将减小，而左面的各点至选址点的距离将增加。选址点至各顶点距离为：

$$\begin{vmatrix} d(v_1,v_x) \\ d(v_2,v_x) \\ \cdots \\ d(v_{n-1},v_x) \\ d(v_n,v_x) \end{vmatrix} = \begin{vmatrix} d(v_1,v_i) \\ d(v_2,v_i) \\ \cdots \\ d(v_{n-1},v_i) \\ d(v_n,v_i) \end{vmatrix} + g(x)d(v_i,v_x) \begin{vmatrix} 1 \\ 1 \\ 1 \\ 1 \\ 1 \end{vmatrix} \tag{5-55}$$

其中：

$$g(x) = \begin{cases} 1, & \text{该顶点不在} v_i, v_f \text{最优轨迹上} \\ -1, & \text{该顶点在} v_i, v_f \text{最优轨迹上} \end{cases}$$

③ 局部中心一定出现在 v_i 至 v_f 的连线上，且绝对中心不止一个。

（2）一个实例

某石化项目区域内部为应对应急事故发生，拟规划在该各功能区域内建立一临时应急设施点，该设施点仅为该项目服务，见图 5-27。

图中的顶点 v_i 表示可能发生火灾的地点，边长表示通过该路段的时间是多少，现来求选址地点。由网络图求出距离矩阵 A、最小距离矩阵 S 和最优路径矩阵 P 如下：

在求解时，使用了 MATLAB 程序的 inf 来表示 ∞，在计算有关最小距离矩阵使用 Floyd 算法。

$$A = \begin{vmatrix} 0 & 3 & \mathrm{inf} & 3 & \mathrm{inf} & 4 \\ 3 & 0 & 3 & 4 & \mathrm{inf} & \mathrm{inf} \\ \mathrm{inf} & 3 & 0 & 3 & 2 & \mathrm{inf} \\ 3 & 4 & 3 & 0 & \mathrm{inf} & \mathrm{inf} \\ \mathrm{inf} & \mathrm{inf} & 2 & \mathrm{inf} & 0 & 2 \\ 4 & \mathrm{inf} & \mathrm{inf} & \mathrm{inf} & 2 & 0 \end{vmatrix} \quad S = \begin{vmatrix} 0 & 3 & 6 & 3 & 6 & 4 \\ 3 & 0 & 3 & 4 & 5 & 7 \\ 6 & 3 & 0 & 3 & 2 & 4 \\ 3 & 4 & 3 & 0 & 5 & 7 \\ 6 & 5 & 2 & 5 & 0 & 2 \\ 4 & 7 & 4 & 7 & 2 & 0 \end{vmatrix}$$

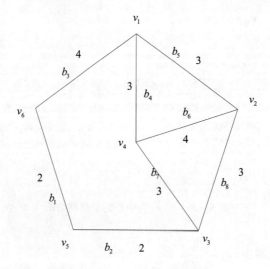

图 5-27 区域网络示意图

$$\boldsymbol{P} = \begin{vmatrix} 0 & 12 & 123(143) & 14 & 165 & 16 \\ 21 & 0 & 23 & 24 & 235 & 216(2\,356) \\ 321(341) & 32 & 0 & 34 & 35 & 356 \\ 41 & 42 & 43 & 0 & 435 & 416(4\,356) \\ 561 & 532 & 53 & 534 & 0 & 56 \\ 61 & 612(6\,532) & 653 & 614(6\,534) & 65 & 0 \end{vmatrix}$$

由 S 矩阵的各列的元素计算可得：

$r_1 = (6+6) / 2 = 6$ （分析1）

$r_2 = (7+4) / 2 = 5.5$ （取路径216时半径 $r_2 = (7+5) / 2$，因此，取路径2356）

$r_3 = (6+4) / 2 = 5$ （不在最优路径上的最大值是4）

$r_4 = (7+4) / 2 = 5.5$ （值5在路径4356上）

$r_5 = (6+5) / 2 = 5.5$ （分析2）

$r_6 = (7+7) / 2 = 7$ （分析1）

绝对半径为：$r = \min(r_1, r_2, r_3, r_4, r_5, r_6) = 5$。

绝对中心 v_x 在 v_3 至 v_1 的连线上，距离 v_3：$6-5=1$ 的位置上。

绝对中心 v_x 到各顶点距离为：

$(6, 3, 0, 3, 2, 4) + (-1, -1, -1, 1, 1, 1) = (5, 2, -1, 4, 3, 5)$

这时候可取路径123，绝对中心在 v_1 与 v_2 连线上。

$(6, 3, 0, 3, 2, 4) + (-1, -1, -1, 1, 1, 1) = (5, 4, -1, 2, 3, 5)$

取路径143，绝对中心在 v_1 与 v_4 连线上。

一定区域应急服务点的选址使用上述方法确定绝对中心操作简便，可提高工作的效率和科学性，为石化项目内应急服务点安全规划技术运用提供借鉴。

5.4 本章小结

（1）对石化码头项目陆域部分安全规划内容、危险性和重大危险源进行分析，然后利用事故致因相关理论和风险理论对石化项目的能量和风险空间分布情况进行分析，最后对陆域部分的事故动态演化进行仿真研究。

（2）对石化码头项目海域部分的安全规划内容进行了论述，然后对项目所在海域的通航环境的安全影响因素进行分析。构建了合理的系统评价方法体系，实现了对海域部分的通航环境安全状况评价。以天津港石化小区某石化码头项目设立的通航环境安全进行了实证研究。

（3）从技术层面对临港石化项目的应急路径规划和应急服务点选址问题进行了分析，使用蚁群算法来模拟规划路径的最优选择，对蚁群算法原理、运行机制、数学模型、实现程序进行了分析和总结，将蚁群算法解决旅行商问题的解决思路运用于石化项目的应急路径规划，对事故区域如何选择疏散路径进行模拟，并对应急服务点选址使用求区域中心点的方法进行了探讨。

6 结论与展望

本研究以现有研究文献资料以及实际项目为基础，以天津某石化小区一临港石化项目设立和舟山某岛石化基地及临港石油储运基地为基础素材，进行了有关安全规划方面的研究。首先从安全规划的基本理论出发，提出了有关石化项目的特性、概念、程序和方法等内容。在此基础上，从环境容量的概念出发，对安全库存容量的评级指标体系和安全容量建模作出系统研究。其次，对石化区域危险源风险进行了量化研究，包括对固有风险和运输风险部分的量化，以及区域整体风险评价。研究了临港石化项目设立的安全影响因素的关系和结构，分别对临港石化项目的陆域部分、海域部分、应急路径和应急服务点选址等内容进行了系统研究。对各部分进行系统的理论和实践研究，取得了如下结论与成果。

（1）从安全库存容量定义的理解出发，通过实地调研总结提出了安全库存容量评估的指标体系，该体系从人、机、境多角度对安全库存容量进行了剖析。在此基础上，探寻其内在因素之间的定量联系，利用 Vensim 软件可以有效地进行系统动力学仿真，找到相应因素对安全库存容量影响的高低。然后通过对风险标准的理解和对风险的巧妙处理建立了评估模型并进行了模拟分析，该模拟属于定量模拟，对基地安全库存容量管理具有鲜明的指导意义。

（2）通过提出风险当量和伤害当量的定义来实现对石化基地各点的风险叠加，从而得到库区危险品对基地内任何一点的风险叠加综合，从而实现风险评估，但风险叠加不是仅需要方法理论的突破，更需要对实际情况的经验总结和实际经历。然而通过风险当量和伤害当量的模式，可以清晰得出风险和事故后果的叠加需要有统一的标准，对伤害后果标准的研究具有重要的意义，不仅能够实现事故的定量后果描述，还有利于实现区域整体性风险事故的定量分析。

（3）建立了区域固定危险源风险计算模型，以区域网格划分为基础，首先确定设备泄漏场景和泄漏概率，由于数据库统计值一般代表一个行业而不能反映某一特定装置的实际失效概率，本文通过设备修正系数和管理修正系数对基础泄漏概率进行修正；然后利用事件树分析的方法确定由泄漏导致的不同事故的概率，最后选用事故后果数学模型对不同事故的后果进行计算，并采用消防、医疗、人员自救能力等风险补偿系数对事故造成的影响进行修正，以使结果更能反映实际情况。在得到任意网格点的个人风险值之后，将个人风险值相等的点连接起来，便得到园区不同水平的个人风险等值线。将死亡人数 $\geq N$ 的所有事故发生的概率 F 相加，构造 $F - N$ 曲线。

（4）建立了危险品运输风险计算模型，包括道路危险品运输风险计算模型和水路运输风险计算模型。道路危险品运输分析计算以路段为单位进行，随着危险货物运输车辆的移动，道路上某一点处的个人风险等于所有事故后果沿片段对该点的求和。水路运输风险主要考虑风险汇集地港口码头处的风险，考虑到港口码头运输的动态性，港口码头运输风险的计算以单次运输（输入或输出）风险为基础，逐次将风险累加。

（5）对临港石化项目陆域部分的危险性进行了分析，辨识了陆域部分的重大危险源类型。从陆域部分的库区的选址和平面布置、储罐区、输送系统、电气、公用工程 5 个功能单元来分析规划的内容、安全条件和措施、各单元的主要危险性等，再专门对临港石化项目内的重大危险源进行了辨识，项目存在的重大危险源一般有：储罐区、压力容器、汽车装卸区、输送管线等部分。

（6）从事故动态演化理论方面对石化项目的事故进行了分析。主要从项目的能量动态转移和风险动态转移两方面来进行分析，首先从能量动态转移角度来分析石化项目的能量的分布情况，项目中使用了两种能量类型：电力和维温，对两类能量在整个项目的转移和控制措施进行了分析；然后运用风险动态演化理论对临港石化项目的陆域风险分布进行了分析，陆域存在的爆炸、火灾和泄漏等风险的空间分布从危险分区来划分有关风险的程度，危险分区主要有死亡区、重伤区、轻伤区和安全区 4 部分，而整体的风险叠加采用了能量叠加的方式来进行，对区域安全容量、能量叠加的条件、模型和方式等进行了探索。

（7）对石化事故动态演化进行了仿真研究。运用地理信息系统 MAPGIS 技术对池火灾进行模拟，将有关事故后果的最坏情况通过 MAPGIS 直观地显示出来，可以极大提高工作的效率和精度，并使规划成果的科学性、可操作性更强。针对天津某石化小区—临港石化项目的实际条件，在结合有关数学模型的基础上，实现了石化品产生泄漏后扩散利用 MATLAB 软件进行仿真分析，可直观揭示有关扩散事故动态演化的内在规律。

（8）在较全面地分析了临港石化项目海域部分的安全规划内容、安全要求的基础上，对项目设立所在海域的通航环境安全状况的评价进行了研究。影响船舶航行安全的因素：自然条件、港口条件、航道条件和交通条件 4 个方面；自然条件常见影响因素有：能见度、风、流、雨雪、冰、泥沙等；港口条件常见的因素：水域、靠泊条件、系泊条件等；航道条件常见的因素：航道宽度、水深、弯曲、交叉情况等；交通条件常见因素：交通流量、航路交通法规、助航条件、安全航速和交通管理等。综合运用层次分析法和模糊评判法对有关指标进行处理。并以天津港石化小区某临港石化项目设立的通航环境安全的实际条件出发，建立合适的评价指标体系，运用层次分析来确定各层次的相关指标权重，运用模糊评判对项目设立的通航环境安全进行评价，结果与事实相吻合。

（9）对蚁群算法在进行临港石化项目的应急路径的规划中的运用进行了探索。对蚁群算法原理、运行机制、数学模型、实现程序进行了分析和总结，针对蚁群算法在实际运行中出现的问题，运用自适应蚁群算法可以给以一定的改正，从自适应调整信息素挥发因子、动态自适应调整信息素的方式来进行调整，将蚁群算法在解决旅行商问题的解决思路运用于石化项目的应急路径规划，针对某规划石化项目的实际情况，选取各功能区的适当点作为研究对象，较好地模拟了有关最优应急路径仿真模拟图。同时，还对应急疏散区域运用有关网格的方式对疏散路径进行了模拟。另外，还对应急设施选址地点确定的科学方法进行了分析。对应急设施选址运用最小距离矩阵和最优路径矩阵的方式来求绝对中心，可提高效率和直观性。

总之，本研究对石化码头这类比较特殊的项目对象的安全规划进行研究，无论是对弥补我国目前安全规划理论研究的缺陷，还是指导石化项目的安全规划方面的技术支持，并降低我国石化安全事故多发现状，都将具有十分重要的理论意义和实践意义。

石化项目的安全规划方面的研究，涉及了多个学科的交叉与融合，包含了安全科学、系统科学、仿真科学、数学、人工智能、管理科学等学科的综合，鉴于目前对石化项目的安全规划方面的支持研究还很欠缺，另外本人的精力、知识结构和时间的局限，本研究还存在如下方面的不足，需要进一步深入研究。

（1）临港石化项目涉及了陆域、海域、码头、石化品等诸多要考虑的对象，而石化项目内存在的安全事故类型各异，风险也各不相同，本研究仅对火灾、爆炸、泄漏和中毒等进行了分析，石化项目的产品的多样化，其存在的安全风险也将多样化，对石化项目内存在的风险的多样性、区域的安全容量等研究还有待加强。

（2）对于安全库存容量的定量评价结合其他分支（例如安全运输量、危险品日常消耗量）进行安全容量的整体评估更加有意义。安全库存容量的提升绝不是一个数值的增加那么简单，无法在原储罐的基础上增加储存量，在此基础上建立库区改扩建安全库存容量评估具有更高的工程应用价值。安全库存容量评估归根结底还是属于安全评估的范畴，概率作为风险的一部分其对安全评估的影响十分突出，建立一个真实有效的概率库以供研究人员进行数据选取对安全库存容量评估十分重要。

（3）对石化区域风险定量评估还需要从更加全面、系统的角度进行分析。由于区域风险定量评估是一个复杂的系统工程，无论是固定危险源产生的风险还是道路运输风险或水路运输风险，任何一个方面深入研究都是一个很复杂的问题。本研究中对许多地方进行了简化，如水路运输风险认为港口码头是风险聚集区，只考虑了码头处的风险。其次，石化园区危险源聚集，一旦某个危险源发生事故，容易引发相邻危险源的事故，在分析时还应考虑多米诺效应的影响，将各种风险考虑的更加全面。

（4）对临港石化项目内的安全规划的内容和方法还有待全面深入研究，本研究仅选择了陆域、海域部分和应急路径与选址等内容进行了分析，而安全规划的内容还包括诸如职业安全、应急救援体系等方面的规划；另外，现有研究的陆域、海域、应急路径和选址等方面的研究，只针对了一些较为重要的内容进行了研究，有关内容还有待全面和深入。

（5）在对临港石化项目海域部分的通航环境安全的评判研究，有关指标体系具多样性、复杂性和不确定性等原因，考虑得是否全面和尽善尽美，都有待于进一步的规划化、标准化和系统化，以便于对整个系统评判更接近现实实际情况。

（6）在进行风险等级划分方面，考虑安全规划的主要是拟规划建设的项目，考虑的主要是对人的安全损害而划分，而事故对财产和环境等方面的损害也将是下一步进行考虑的对象。

参 考 文 献

［1］ 国家环境保护总局. 环保总局公布全国化工石化建设项目环境风险排查结果[J]. 环境保护,2006, 352 (14):36－40.

［2］ 杨玉胜,吴宗之,任彦斌,等. 基于安全规划的典型石油化学工业事故原因分析[J]. 中国安全生产科学技术,2008,4(1):120－123.

［3］ 高建明,刘骥,梁雪. 因安全距离问题引发的典型危险化学品事故案例分析[J]. 中国安全生产科学技术,2008,4(4):60－64.

［4］ 中国安全生产科学研究院. 危险化学品事故案例[M]. 北京:化学工业出版社,2005.

［5］ 王喜奎. 化学工业园区土地使用安全规划方法研究[D]. 北京:首都经济贸易大学,2007.

［6］ 周国艳,于立. 西方现代城市规划理论概论[M]. 南京:东南大学出版社,2010.

［7］ 张京祥. 西方城市规划思想史纲[M]. 南京:东南大学出版社,2005.

［8］ Nigel Taylor. Urban Planning Theory Since 1945[M]. London: SAGE Publications Ltd. ,1998.

［9］ Peter Hall. Cities of Tomorrow:An Intellectual History of Urban Planning and Design in the Twentieth Century, 2nd ed[M]. Oxford: Blackwell Publishers Ltd. , 1996.

［10］ 王万茂. 土地利用规划学[M]. 北京:科学出版社,2006.

［11］ 吴次芳. 土地利用规划[M]. 北京:地质出版社,2000.

［12］ 严金明. 中国土地利用总体规划理论、方法与战略[M]. 北京:经济管理出版社,2001.

［13］ 许铭,多英全,吴宗之. 化工园区安全规划发展历史回顾[J]. 中国安全科学学报,2008,18(8):140－149.

［14］ Bruno Cahen. Implementation of new legislative measures on industrial risks prevention and control in urban areas[J]. Journal of Hazardous Materials,2006,130:293－299.

［15］ The Directive on Major Hazards[S]. European Union Directives 82/SOIIEEG(Pb EG 1982: L230), 1982.

［16］ The SEVESO Directive[S]. 87/216 IEEG (Pb EG 1987,L85),1987.

［17］ Loi no. 2003－699 du 30 juillet 2003 relativebla prevention desrisques technologiques et naturels etbla reparation des dommages[S]. J031/07/03;2003.

［18］ HSE. Current Approach to Land Use Planning(LUP):Policy and Practice[R]. Health and Safety Executive,UK,1989.

［19］ Health and Safety Executive (HSE),Risk criteria for land use planning in the vicinity of major industrial hazards[S]. Health and Safety Executive,UK,1989.

［20］ CCPS (Centre for Chemical Process Safety, American Institute of Chemical Engineering,). Guidelines for chemical process quantitative risk assessment[M]. New York: 1989.

［21］ CCPS(Center for Chemical Process Safety of the American Institute of Chemical Engineers),Guidelines for Facility Siting and Layout[M],New York:2003 .

［22］ van den Brand D. Risk Management in the Netherlands[R]. DECD Risk Assessment and Risk Communication Workshop,1995. 7.

［23］ Smeder M,Christou M,Besi S. Institute for Systems, Informatics and Safety,JRC Ispra,Land Use Planning in the Context of Major Accident Hazards: An Analysis of Procedures and Criteria in Selected EU Member States[R]. Report EUR 16452 EN,1996. 10.

［24］ Bottelberghs P H. Risk analysis and safety policy developments in the Netherlands[J]. Journal of Hazardous Materials, 2000,71:59－84.

［25］ Pitblado R M,Nalpanis P. Quantitative assessment of major hazards installations：Computer programs［R］//Lees F P, Ang M L. Safety Cases within the CIMAH Regulations 1984 Butterworths,1989.

［26］ Smeder M, Christou M, Besi S. Land Use Planning in the Context of Major Accident Hazards An Analysis of Procedures and Criteria in Selected EU Member States［R］. Report EUR 16452 EN, Institute for Systems, Informatics and Safety, JRC Ispra, October 1996.

［27］ Valerio Cozzani. The Use of Quantitative Area Risk Assessment Techniques in Land Use Planning：1 – 11.

［28］ Ioannis A. Papazoglou. Supporting decision makers in land use planning around chemical sites. Case study – expansion of an oil refinery［J］. Journal of Hazardous Materials, 2000, 71：343 – 373.

［29］ Ministry for Environment. Land Use Planning Guide for Hazardous Facilities—A Resource for Local Authorities and Hazardous Facility Operators［M］. Wellington New Zealand：2002.

［30］ Brian Stone, John M. Norman. Land use planning and surface heat island formation—A parcel-based radiation flux approach［J］. Atmospheric Environment, 2006, 40：3561 – 3570.

［31］ 吴宗之,多英全,魏利军. 城市公共安全规划与应急预案编制及其关键技术研究报告［R］. 北京：中国安全生产科学研究院,2003.

［32］ 冯凯,徐志胜. 城市公共安全规划与灾害应急管理的集成研究［J］. 自然灾害学报,2005,14(4)：8 – 10.

［33］ 周德红. 化学工业园区安全规划与风险管理研究［D］. 武汉：中国地质大学,2009.

［34］ 陈晓董,师立晨,刘骥. 化工园区安全风险容量探讨［J］. 中国安全科学学报,2009,19(3)：132 – 137.

［35］ 李传贵,刘艳军,刘建. 基于化工园区整体风险量分析的安全规划研究［J］. 中国安全科学学报,2009,19(6)：116 – 121.

［36］ 吴宗之,许铭. 化工园区土地利用安全规划优化方法［J］. 化工学报,2011,62(1)：125 – 131.

［37］ 汪卫国. 基于安全规划要素表的化工园区安全规划研究［J］. 中国安全生产科学技术,2011,7(4)：99 – 102.

［38］ 游达,胡兆吉. 基于本质安全的化工园区环境风险控制研究［J］. 工业安全与环保,2010,36(7)：56 – 57.

［39］ 吴宗之. 重大事故应急计划要素及其制定程序［J］. 中国安全科学学报,2002,12(1)：14 – 18.

［40］ 宋占兵,多英全,师立晨. 一种基于事故后果的重大危险源安全规划方法［J］. 中国安全生产科学技术,2009,5(5)：32 – 36.

［41］ 师立晨,曾明荣,多英全. 基于后果的土地利用安全规划方法在化工园区的应用［J］. 中国安全生产科学技术,2009,5(6)：67 – 70.

［42］ 于立见. 危险化学品事故后果计算过程探讨［J］. 中国安全生产科学技术,2009,5(6)：86 – 88.

［43］ 刘胆亚,秘义行,田亮. 石油化工园区消防安全规划现状及应对策略研究［J］. 消防科学与技术,2010,29(5)：383 – 387.

［44］ 陈晓董,多英全. 化工园区安全容量分析探讨［J］. 中国安全生产科学技术,2009(02)：10 – 13.

［45］ 谭小群. 基于风险的化工园区安全容量评估模型及应用研究［D］. 华南理工大学,2011：106.

［46］ 宁波市安监局危化处. 宁波市六区化工行业安全发展规划(甬政办发〔2010〕275 号)［EB/OL］. ［2014 – 04 – 30］. http://zfxx. ningbo. gov. cn/gk_public/jcms_files/jcms1/web43/site/art/2011/3/30/art_2886_103885. html.

［47］ 湖北省省安全生产监督管理局. 湖北省化工园区整体性安全风险评价导则(鄂安监发〔2012〕230 号)［EB/OL］. ［2014 – 04 – 30］. http://www. hubeisafety. gov. cn/content/content_a. asp? id =7040.

［48］ 李传贵,巫殷文,刘建,等. 化工园区安全容量计算模型研究［J］. 中国安全生产科学技术, 2009

(03):25 - 29.

[49] 李传贵,刘艳军,刘建,等. 基于化工园区整体风险量分析的安全规划研究[J]. 中国安全科学学报,2009(06):116 - 121.

[50] 汪卫国,李传贵,程慧敏,等. 化工园区企业危险量计算模型研究[J]. 中国安全科学学报,2010(03):29 - 33.

[51] Patra Kartik,Mondal Shyamal Kumar. Fuzzy risk analysis using area and height based similarity measure on generalized trapezoidal fuzzy numbers and its application[J]. Applied Soft Computing,2015,28(0):276 - 284.

[52] Uwe Arnold,Özgür Yildiz. Economic Risk Analysis of Decentralized Renewable Energy Infrastructures——a Monte Carlo Simulation Approach[J]. Renewable Energy,2015,77(6):227 - 239.

[53] Cozzani V, Antonioni G, Spadoni G. The asssessment of risk caused by domino effect in quantiative area riak analysis[J]. Journal of Hazardous Materials, 2005(A127):14 - 30.

[54] Brazier A M, Greenwood R L. Geographic information systems a consistent approach to land use planning decisions around hazardous installations[J]. Journal of Hazardous Materials, 1998,61355 - 61361.

[55] Papazoglou L, Nivolianitou Z, Bonano G. Land use Planning Policies Stemming from the Implementation of the SEVESO - Ⅱ Directive in the EU[J]. Journal of Hazardous Materials, 1998,61345 - 61353.

[56] 吴宗之. 化工园区安全规划方法与应用研究[J]. 中国安全生产科学技术,2012(4):46 - 51.

[57] 李传贵. 化工园区安全容量计算模型研究[J]. 中国安全生产科学技术,2009(3):26 - 29.

[58] 王树坤,陈国华. 化工园区产业链风险评估方法及应用研究[J]. 高校化学工程学报,2014(5):1097 - 1104.

[59] 陈晓董,多英全. 化工园区安全容量分析探讨[J]. 中国安全生产科学技术,2009(2):10 - 13.

[60] 陈国华,贾梅生,黄庭枫. 化工园区安全保障体系探究[J]. 安全与环境学报, 2013 (3):207 - 212.

[61] 蔡凤英,谈宗山. 化工安全工程[M]. 北京:科学出版社,2001.

[62] 廖学品. 化工过程危险性分析[M]. 北京:化学工业出版社,2000.

[63] 周长江. 危险化学品安全技术管理[M]. 北京:中国石化出版社,2004.

[64] 崔克清. 化工工艺及安全[M]. 北京:化学工业出版社,2004.

[65] 吴大鹏. 石油化工行业安全生产分析[J]. 当代化工,2007,36(2):125 - 127.

[66] 王志霞. 区域规划环境风险评价理论、方法与实践[D]. 上海:同济大学,2007.

[67] 国办发(2006)53 号,国务院办公厅关于印发安全生产"十一五"规划的通知[Z]. 2006.

[68] 魏利军,多英全,于立见,等. 化工园区安全规划方法与程序研究[J]. 中国安全科学学报,2007,17(9):45 - 51.

[69] 吴宗之. 城市土地使用安全规划的方法与内容探讨[J]. 安全与环境学报,2004,4(6):86 - 90.

[70] Michalis D Christou, Marina Mattarelli. Land - use planning in the vicinity of chemical sites:Risk - informed decision making at a local community level[J]. Journal of Hazardous Materials , 2000(78):191 - 222.

[71] B. J. M. AIe. Risk assessment practices in The Netherlands[J]. Safety Science 2002, 40:105 - 126.

[72] GB 50016 - 2006,建筑设计防火规范[S]. 北京:中国计划出版社,2006.

[73] JTJ 237 - 99,装卸油品码头防火设计规范[S]. 北京:人民交通出版社,2000.

[74] GB 50074 - 2002,石油库设计规范[S]. 北京:中国计划出版社,2003.

[75] GB 50160 - 2008,石油化工企业设计防火规范[S]. 北京:中国计划出版社,2008.

[76] GB 50161 - 92 烟花爆竹工厂设计安全规范[S]. 北京:中国计划出版社,1993.

[77] GB J89 - 85,民用爆破器材工厂设计安全规范[S]. 北京:中国计划出版社,1986.

[78] GB/T 13201 - 91,制定地方大气污染物排放标准的技术方法[S]. 北京:中国计划出版社,1992.

[79] GB 3095 - 1996,环境空气质量标准[S]. 北京:中国环境科学出版社,1996.

[80] TJ 36 - 1979,工业企业设计卫生标准 [S]. 北京:中国计划出版社,1980.

[81] 宋占兵,多英全,师立晨. 一种基于事故后果的重大危险源安全规划方法[J]. 中国安全生产科学技术,2009,5(5):32 - 36.

[82] 师立晨,曾明荣,多英全. 基于后果的土地利用安全规划方法在化工园区的应用[J]. 中国安全生产科学技术,2009,5(6):67 - 70.

[83] 国家安全生产监督管理总局. 安全评价[M]第3版. 北京:煤炭工业出版社,2005.

[84] 中国石油化工公司青岛安全工程研究院. 石化装置定量风险评估指南[M]. 北京:中国石化出版社,2007.

[85] 戴树和,等. 工程风险分析技术[M]. 北京:化学工业出版社,2007.

[86] 罗云,等. 风险分析与安全评价[M]. 北京:化学工业出版社,2005.

[87] 王凯全,邵辉. 事故理论与分析技术[M]. 北京:化学工业出版社,2004.

[88] 邵辉. 系统安全工程[M]. 北京:石油工业出版社,2008.

[89] 邵立周. 系统综合评价指标体系构建方法研究 [J]. 海军工程大学学报,2008(3):48 - 52.

[90] 张宾,龚俊华,贺昌政. 基于客观系统分析的解释结构模型[J]. 系统工程与电子技术, 2005,27(3):453 - 455.

[91] 肖人彬,罗云峰,王雪,等. 可变系统建模[J]. 系统工程理论与实践,1994:1245 - 1250.

[92] 蔡长林. 解释结构模型中系统的骨干矩阵表示[J]. 系统工程理论与实践,1993:745 - 748.

[93] 肖人彬,费奇. 解释结构建模算法的研究[J]. 系统工程理论与实践,1993:228 - 232.

[94] 黄丽,蔡长林. 模糊解释结构模型[J]. 四川大学学报(自然科学版),1999:36(1):6 - 10.

[95] Floris GOERLANDT,Jakub MONTEWKA. Maritime Transportation Risk Analysis:Review and Analysis in Light of Some Foundational Issues[J]. Reliability Engineering & System Safety,2015,138(5):115 - 134.

[96] Majeed ABIMBOLA,Faisal KHAN,Nima KHAKZAD, et al. Safety and Risk Analysis of Managed Pressure Drilling Operation Using Bayesian Network[J]. Safety Science,2015,76(10):133 - 144.

[97] Floris GOERLANDT,Jakub MONTEWKA. A Framework for Risk Analysis of Maritime Transportation Systems:a Case Study for Oil Spill From Tankers in a Ship - ship Collision[J]. Safety Science,2015,76(8):42 - 66.

[98] 谭小群. 基于风险的化工园区安全容量评估模型及应用研究[D]. 广州:华南理工大学,2011.

[99] 李慧,蒋军成,王若菌. 池火灾热辐射的数值研究[J]. 中国安全科学学报,2005(10):48 - 52.

[100] 杨鑫,石少卿,程鹏飞. 空气中TNT爆炸冲击波超压峰值的预测及数值模拟[J]. 爆破,2008(1):15 - 18.

[101] 康文超. 基于高斯烟羽模型的铁路易燃气体泄漏扩散分析[J]. 兰州交通大学学报,2013 (6):88 - 92.

[102] 王其藩. 系统动力学[M]. 北京:清华大学出版社,1994:522 - 36.

[103] 王其藩. 复杂大系统综合动态分析与模型体系[J]. 管理科学学报,1999,2(2)15 - 26.

[104] 姜巍巍,李玉明,王春利,等. 安全仪表系统功能安全评估进展及应用[C]//2009中国过程系统工程年会暨中国mes年会论文集. 杭州,2009.

[105] 于立见,多英全,师立晨,等. 定量风险评价中泄漏概率的确定方法探讨[J]. 中国安全生产科学技术,2007,3(6):27 - 30.

[106] 刘茂. 事故风险分析理论与方法[M]. 北京:北京大学出版社,2011:266.

[107] 中国石油化工股份有限公司青岛安全工程研究院. 石化装置定量风险评估指南[M]. 北京:中国

石化出版社, 2007:210.

[108] 宇德明. 易燃、易爆、有毒危险品储运过程定量风险评价[M]. 北京: 中国铁道出版社, 2000:263.

[109] 彭新平, 王宇新. 石油库储罐区池火灾事故后果模拟探讨[J]. 工业安全与环保, 2009(03): 50 - 52.

[110] 国家安全生产监督管理总局. 危险化学品重大危险源监督管理暂行规定[S]. 2011.

[111] 马秀让. 油库工作数据手册[M]. 北京: 中国石化出版社, 2011:381.

[112] Pietersen C M. Analysis of the LPG - incident in San Juan Ixhuasapec[C]. Mexico, 1984.

[113] Pietersen C M. Consequences of accidental releases of hazardous material[J]. Journal of Loss Prevention in the Process Industries, 1990,3(1):136 - 141.

[114] American Petroleum Institute. API 581 - 2000 Risk-based Inspection Base Resource Document [S]. 2000.

[115] 石超, 罗艾民, 陈文涛, 等. 化工设备失效概率 JC 修正模型研究[J]. 科技导报, 2011(08): 35 - 38.

[116] 张悦. 基于风险分析的化工园区布局优化方法研究[D]. 中国矿业大学(北京), 2013:180.

[117] 李全东. 液态危险货物道路运输风险分析[D]. 北京交通大学, 2010:74.

[118] GB 18218 - 2009,危险化学品重大危险源辨识标准[S].

[119] 安监管协调字[2004]56 号,关于开展重大危险源监督管理工作的指导意见[Z]. 2004.

[120] 国家安全生产监督管理总局令第 40 号,危险化学品重大危险源监督管理暂行规定[Z]. 2011.

[121] 陈宝智. 安全原理[M]. 北京:冶金工业出版社,2002.

[122] 中国石油化工公司青岛安全工程研究院. 石化装置定量风险评估指南[M]. 北京:中国石化出版社,2007.

[123] 戴树和,等. 工程风险分析技术[M]. 北京:化学工业出版社,2007.

[124] 孙华山. 安全生产风险管理[M]. 北京:化学工业出版社,2006.

[125] 吴宗之. 重大危险源辨识与控制[M]. 北京:冶金工业出版社,2001.

[126] 王好甜,庄稼捷. 城市三维风险场的数学描述[J]. 科技创新导报,2009(1):222 - 223.

[127] 孙华山. 安全生产风险管理[M]. 北京:化学工业出版社,2006.

[128] 郭召松. 火电厂应急救援决策支持系统研究[D]. 武汉:中国地质大学,2010.

[129] 谢树艺. 矢量分析与场论[M].2 版. 北京:高等教育出版社,1990.

[130] 武汉中地信息工程有限公司. MAPGIS 地理信息系统实用教程[M]. 武汉:中地软件系列丛书,2003.

[131] 张小侠,刘曦,王秀茹,等. 基于 MAPGIS 和 AUTOCAD 土地开发整理规划的研究[J]. 中国农学通报,2011,27(11):140 - 145.

[132] 彭新平,王宇新. 石油库储罐区池火灾事故后果模拟探讨[J]. 工业安全与环保,2009,35(3):50 - 52.

[133] 徐志胜,吴振营,何佳. 池火灾模型在安全评价中应用的研究[J]. 灾害学,2007,22(4):25 - 28.

[134] 宇德明. 易燃、易爆、有毒危险品储运过程定量风险评价[M]. 北京:中国铁道出版社,2000.

[135] 潘旭海,蒋军成. 危险性物质泄漏事故扩散过程模拟分析[J]. 劳动保护科学技术,2001,(3):44 - 46.

[136] 石剑荣. 高斯扩散衍生公式在环境风险评价中的应用[J]. 中国环境科学,1998,18(6):535 - 539.

[137] 陈杰. MATLAB 宝典[M]. 北京:电子工业出版社,2009.

[138] 李众,郑宝友,陈汉宝. 港口通航环境对船舶航行安全的影响分析及评价[J]. 水道港口,2007,28(2):342 - 347.

[139] 郑中义,李红喜.通航水域航行安全评价的研究[J].中国航海,2008,31(2):130-134.

[140] 郑中义,黄忠国,吴兆麟.港口交通事故与环境要素关系[J].交通运输工程学报,2006(1):118-121.

[141] 关政军.船舶交通事故的分析[J].大连海事大学学报,1997,2(1):46-51.

[142] 许树柏.层次分析法原理[M].天津:天津大学出版社,1998.

[143] 龙子泉.管理运筹学[M].武汉:武汉大学出版社,2002.

[144] 张辉,高德利.基于模糊数学和灰色理论的多层次综合评价方法及其应用[J].数学的实践与认识,2008,38(3):1-6.

[145] 谢季坚,刘承平.模糊数学方法及其应用[M].武汉:华中科技大学出版社,2004.

[146] 宋晓秋.模糊数学原理与方法[M].徐州:中国矿业大学出版社,1999.

[147] 李洪兴,汪培庄.模糊数学[M].北京:国防工业出版社,1994.

[148] 段海滨.蚁群算法原理及其应用[M].北京:科学出版社,2005.

[149] 段海滨,王道波,于秀芬.蚁群算法的研究现状及其展望[J].中国工程科学,2007(02):98-102.

[150] 王军.蚁群算法求解TSP时参数设置的研究[J].科学技术与工程,2007,7(17):4501-4503.

[151] 宋雪梅.蚁群算法的改进及应用[D].唐山:河北理工大学,2006.

[152] 范红梅.蚁群算法的改进[D].泰皇岛:燕山大学,2007.

[153] 秦玲.蚁群算法的改进与应用[D].扬州:扬州大学,2004.

[154] 张纪会,高齐圣,徐心和.自适应蚁群算法[J].控制理论与应用.2000(01):1-3.

[155] 屈先锋,左春荣.一种改进的蚁群算法及其在VRP中的应用[J].科学技术与工程.2008,8(2):563-565.

[156] 孙力娟,王良俊,王汝传.改进的蚁群算法及其在TSP中的应用研究[J].通信学报,2004,25(10):111-116.

[157] 刘少伟.一种改进的蚁群算法在TSP问题中应用研究[J].计算机仿真,2007,24(9):155-157.

[158] 龚本灿,李腊元,蒋廷耀,等.基于局部优化策略求解TSP的蚁群算法[J].计算机应用研究,2008,25(7):1974-1976.

[159] 韩景倜,池为叠,韩小妹.基于应急物流体的应急救援物资调度模型[J].系统仿真学报,2009(18):5828-5830.

[160] 李晓萌.人员疏散行为的实验研究[D].北京:清华大学,2008.

[161] 潘忠.基于几何的人员疏散仿真研究[D].上海:同济大学,2007.

[162] 何彩红.火灾时地下商场人员紧急疏散的研究[D].西安建筑科技大学,2007.

[163] 申兵.模糊数学规划的算法研究[M].西安:西安交通大学,2001.

[164] 何建敏,刘春林,曹杰,等.应急管理与应急系统选址、调度与算法[M].北京:科学出版社,2005.

[165] 方磊,何建敏.城市应急系统优化选址决策模型和算法[J].管理工程学报,2005,8(1):12-16.

[166] 刘春林,何建敏,盛昭翰.应急系统调度问题的模糊规划方法[J].系统工程学报,1999,14(4):351-355.

[167] 方磊,何建敏.给定限期条件下的应急系统优化选址模型及算法[J].管理工程学报,2004(1):48-51.

[168] 陈伯成.距离矩阵对选址决策支持的部分应用[J].决策与决策支持系统,1998,5(3):79-85.